Peter Kenzelmann

training kompakt

STRATEGIEN UND METHODEN ZUR KUNDENBINDUNG

Das vorliegende Werk ist eine überarbeitete und erweiterte Lizenz-
ausgabe des Titels „Kundenbindung" aus der Reihe Pocket Business,
Cornelsen Verlag Scriptor.

Verlagsredaktion: Erich Schmidt-Dransfeld
Technische Umsetzung: Holger Stoldt, Düsseldorf
Umschlag: vitaledesign, Berlin
Titelfoto: © Wavebreak Media Micro, Fotolia.com

Informationen über Cornelsen Fachbücher und Zusatzangebote:
www.cornelsen.de/berufskompetenz

1. Auflage
© 2011 Cornelsen Verlag Scriptor GmbH & Co. KG, Berlin

Druck: Druckhaus Thomas Müntzer, Bad Langensalza

ISBN 978-3-589-23990-0

 Inhalt gedruckt auf säurefreiem Papier aus nachhaltiger Forstwirtschaft.

Inhalt

5 Kundenbindung hautnah: Umsetzung am Point of Sale 109

Zum Thema und zu diesem Buch

Ohne Kunden lässt sich kein Geschäft betreiben. Doch ohne Zutun kommen und bleiben die wenigsten Kunden. Ideen sind gefragt. Kundenbindung ist eine solche Idee. Ein Erfolgsrezept für Unternehmen. Dieses Buch fasst das Wesentliche zum Thema Kundenbindung, das man für eine praktische Umsetzung benötigt, zusammen. Der Band ist als Training aufbereitet: Er vermittelt Ihnen ein grundlegendes Verständnis, erklärt anschaulich die Konzepte, stellt die Instrumente vor und regt durch Aufgaben den Transfer des Gelernten in Ihre Praxis an.

So zugeschnitten bietet der Band drei Nutzungsmöglichkeiten. Sie können ihn erstens individuell durcharbeiten. Zweitens eignet er sich bestens, wenn Sie den Besuch eines Seminars zum Thema Kundenbindung vorbereiten oder nachbereiten möchten. Drittens spricht Sie das Werk an, wenn Sie allgemein einen Kurs oder Lehrgang zu Vertrieb oder Verkauf besuchen, in dem Kundenbindung mitbehandelt wird, was Sie praxisnah und handlungsorientiert vertiefen möchten.

Entsprechend dieser Zielstellung nimmt dieses Training kompakt den Zugang zum Thema „Kundenbindung" nicht wissenschaftlich, umreißt nur grob zur Orientierung den Bezugsrahmen und steigt stattdessen schnell und konkret in die Praxis ein. Als Training macht es Sie fit für den unternehmerischen Alltag. Der Autor fordert Sie auf, Ihre eigenen Erlebnisse anhand von Checklisten und Fragen zu reflektieren und Ihr Vorgehen zielführend für mehr Kundenbindung zu verändern. Sie lernen alternative Herangehensweisen kennen und können entscheiden, was für Ihr Geschäft am besten passt. Die dazu notwendigen Hintergründe und Informationen sind lesbar, praxisnah und umsetzbar gehalten.

Kundenbindung lebt von guten Ideen. Diese dürfen nicht kompliziert sein – um damit erfolgreich zu sein, müssen sie jedoch der Situation angemessen umgesetzt werden. Viele der typischen Vorgehensweisen werden deshalb in diesem Band in kurz umrissenen Fallstorys veranschaulicht. Diese machen auf einfache Weise den Kern deutlich und regen an, kreativ nach analogen Wegen für Ihr Geschäft zu suchen.

Gerade zum Thema Kundenbindung kann man sich durch Geschichten und Erlebnisse anregen lassen, sich mit dem Thema zu befassen. Kundenbindung ist alles andere als trocken.

Kapitel 1 führt mit Blick vom heutigen Marktgeschehen her ins Thema ein, geht auf Kundenerwartungen ein und unterscheidet die Arten der Kundenbindung. Kapitel 2 behandelt die Kommunikation über Medien und im direkten Kundenumgang. Kapitel 3 erklärt die psychologischen Mechanismen der Kundenbindung. Das Vorgehen von Strategie bis Service wird in Kapitel 4 vorgestellt und in Kapitel 5 die Umsetzung für den Point of Sale beschrieben.

Diese Reihenfolge ist für Ihre Bearbeitung nicht zwingend, denn das Thema „Kundenbindung" durchdringt jedes Unternehmen, jede Organisation vollständig. Daher ist es nicht erforderlich, beim Durcharbeiten chronologisch vorzugehen: Wo immer Sie beginnen, werden Sie auf Anknüpfungspunkte stoßen. Greifen Sie sich also jene Themen und Verfahrensvorschläge heraus, die Ihnen für Ihr Geschäft vordringlich erscheinen, und beginnen Sie damit, diese Kapitel zu lesen, zu bearbeiten und umzusetzen. Haken Sie dann aber die gelesenen Seiten ab, denn so behalten Sie den Überblick und können nach und nach alle Kapitel angehen und so das vollständige Training zur Kundenbindung durchlaufen.

1 Gesetze der Märkte

Lernziele

→ Sie werden sich über die veränderten Marktbedingungen bewusst und erkennen, dass der Markt sich in den vergangenen Jahrzehnten von einem Verkäufer- zu einem Käufermarkt gewandelt hat.

→ Sie verstehen, dass augenscheinlich gegenläufige Effekte Ausnahmen sind (z. B. Autokauf nach der deutschen Wiedervereinigung oder, wenn sich am Erstverkaufstag von Innovationen von Apple lange Schlangen vor Geschäften bilden).

→ Sie finden heraus, was Kundenbindung bedeutet, und erkennen, dass Verkaufen im Idealfall ein wiederkehrender Prozess ist, der Tage betragen kann (z. B. beim Besuch einer Gaststätte) bis Jahrzehnte (z. B. Waschmaschine). Sie machen sich bewusst, dass die Kosten für die Gewinnung eines Neukunden höher liegen als die, einen Kunden zu behalten.

→ Sie verstehen die unterschiedlichen Kaufphasen der Kunden.

→ Sie erfahren, wie Sie Kundeninformationen richtig nutzen.

→ Sie lernen verschiedene Arten der Kundenbindung kennen und erkennen, dass sich Kunden emotional, ökonomisch, vertraglich oder technisch-funktional binden lassen. Sie erkennen, dass emotionale Kundenbindung die sicherste Möglichkeit der Kundenbindung ist. (Ein Beispiel hierzu ist das gute Gefühl, beim Waschmaschinenhersteller gut aufgehoben zu sein und auch nach Jahren wieder zu kaufen.)

→ Sie wissen, wie Sie Kundenzufriedenheit messen und steigern.

In vielen Situationen bietet sich der Sport für Veranschaulichungen an. Zum Beispiel sind Fußballer Praktiker und das Spiel wird auf dem Feld entschieden. Dennoch hat jeder Trainer eine Tafel, auf der er Analysen, Strategien und Pläne mit der Mannschaft ausbaldowert. Im übertragenen Sinne spielt sich auch Kundenbindung auf dem Platz ab. Dennoch gibt es Grundlagen und Gesetzmäßigkeiten, die den Markt bestimmen. Damit befasst sich dieses erste Kapitel. Es klärt Begriffe, erarbeitet Phasen des Kaufvorgangs, liefert Kategorien der Kundenbindung und zeigt die grundlegenden Schritte zur Kundenbindung auf.

1.1 Gedanken zum Markt

1.1.1 Vom Verkäufermarkt zum Beziehungsmarketing

Der Traum vom Schlaraffenland der Unternehmer ist für viele geplatzt. Die meisten Bedürfnisse sind befriedigt und nahezu alle wichtigen Konsum- und Industriemärkte stagnieren. Da hilft auch kein kurzes Strohfeuer. Wachstum? Das war einmal! Ein gutes Produkt, eine gute Idee oder eine gute Dienstleistung reichen für den unternehmerischen Erfolg allein nicht mehr aus.

→ Sie brauchen Kunden, die Sie aus guten Gründen allen anderen Anbietern vorziehen und die bei Ihnen bleiben.

In den 50er-Jahren wurde noch vom Wirtschaftswunder gesprochen. Der Engpassfaktor war die Produktion, der Absatz stellte sich nicht als Problem dar, da die Nachfrage auf den meisten Märkten bei weitem das Angebot überstieg. Die Produkte standen ausnahmslos im Vordergrund. Während weiterer Jahre, als ersichtlich wurde, dass aus dem ehemaligen Verkäufermarkt ein Käufermarkt entstanden war, reagierten darauf viele Unternehmen mit intensiver Werbung, aggressiver Preispolitik und starkem Vertrieb. Ziel war, die produzierten Produkte oder vorhandenen Dienstleistungen „in den Markt" zu drücken. Dem Aufbau einer längerfristigen Kundenbeziehung kam nur in Ausnahmefällen Bedeutung zu.

Ab den 70er-Jahren folgte ein Umdenken zur Marktorientierung. An erster Stelle stand jetzt die Frage, was sich verkaufen lässt. Entsprechend wurde produziert. Die Käufer wurden zu Zielgruppen, der Markt wurde in Segmente aufgeteilt, die Instrumente des Marketing-Mix wurden entwickelt. Standardisierung war das Schlagwort, um mit den jeweiligen Mitbewerbern konkurrieren zu können. Erst im Verlauf späterer Jahrzehnte änderte sich auch das Selbstverständnis von Unternehmen. Der Kunde rückte immer mehr in den Mittelpunkt. Kundenorientierung wurde entdeckt. In den 90er-Jahren entstanden systematische Überlegungen zum professionellen Beziehungsmanagement: Stichwort: CRM (Customer Relationship Management). Ziel war es, die Kundenbeziehungen mit technischen Mitteln zu standardisieren.

Heute ist die Marktorientierung nicht mehr nur auf eine Abteilung beschränkt, sondern wird zur Führungsphilosophie des gesamten

Unternehmens. Die Entwicklung neuer Produkte richtet sich nach den Bedürfnissen potenzieller Kunden. Und diese sind im Idealfall schon da: als bestehende Kunden.

In den letzten Jahren ist ein deutlicher Trend in Richtung zunehmende Systematisierung, Individualisierung, Wirtschaftlichkeitsorientierung und IT-Anwendung zu beobachten.

➡ Kundenbindung bezieht sich immer auf das Gesamtunternehmen. Kundenbindung kann keinesfalls nur von einer Kundenbindungsabteilung umgesetzt werden.

Das unternehmerische Handeln steht unter Rahmenbedingungen, die sich oft deutlich von denen vergangener Jahre unterscheiden.

➡ Intensivierung des Wettbewerbs bis zum Vernichtungswettbewerb mit Preis- und Mehrwertkriegen: Es gibt immer einen Wettbewerber, der den Preis unterbietet.

➡ Dynamischer Wandel: Neue Wachstumsmärkte entstehen und traditionelle Märkte brechen zusammen:
  – Die Märkte werden immer komplexer und komplizierter.
  – Wachsende Internationalisierung des Wettbewerbs: In Sekunden können über das Internet die Konditionen von Wettbewerbern angefragt, verglichen und verhandelt werden.
  – Falsche Strategien, veraltete Produkte und verkrustete Organisationsstrukturen werden unmittelbar vom Markt korrigiert.

➡ Die Kunden werden immer kritischer und widersprüchlicher.

➡ Die gesellschaftliche Verantwortung der Unternehmen wird von den Kunden zunehmend eingeklagt.

Kundenorientierung wird zu einer Überlebensvoraussetzung für Unternehmen

➡ Produkte und Dienstleistungen werden zunehmend austauschbar. Der Innovationsdruck nimmt ständig zu. Ein Innovationsvorsprung verschafft nur kurzfristig einen Wettbewerbsvorteil, da neue Verfahren, Produkte und Dienstleistungen immer schneller Nachahmer finden.

➡ Die Produktmenge und -vielfalt wachsen. Die Globalisierung ermöglicht das Umgehen von Lieferengpässen. Dass Kunden wochen- oder monatelang auf Produkte warten, ist allenfalls bei einigen wenigen Luxus- oder Monopolanbietern möglich.

→ Die **Macht** der **Kunden wächst**. Auf dem Kundenmarkt findet eine immer stärkere Konzentration statt. Dies macht sich vor allem im B2B-Bereich bemerkbar. Aber auch bei Endkunden tritt beispielsweise durch Einkaufskooperationen im Internet eine Konzentration auf.

→ Die **Markttransparenz nimmt zu**. Kunden sind besser informiert (Medien wie Internet etc.). Sowohl in Bezug auf die Preise als auch auf die Eigenschaften von Angeboten. Es ist für Unternehmen also schwierig, eine „Kosten-" oder „Produktführerschaft" zu realisieren.

→ **Preisdifferenzen nehmen ab**. Im Zuge der Markttransparenz kommt fast jeder Kunde an den „besten" Preis. Der (niedrige) Preis allein ist kein Verkaufsargument mehr.

→ **Vielfach** sind erst **Folgegeschäfte** wirklich **lohnend**. In vielen Branchen wird für die Kundengewinnung bedeutend mehr ausgegeben, als innerhalb eines kurzen Zeitraums an Ertrag erwirtschaftet wird. Ein Handy- oder Kreditkartenvertrag bringt beispielsweise erst im zweiten Jahr Gewinn.

Zusammengefasst lassen sich zwei Hauptprobleme identifizieren: Gesättigte Märkte sowie Vergleichbarkeit und Austauschbarkeit von Angeboten.

→ Das kennzeichnet unsere Märkte: Kunden, die immer kritischer werden, Wettbewerb, der zunimmt, Märkte, die sich verschieben, Produkte, die kaum mehr einmalig sind.

1.1.2 Kundenbindung ist ein Thema

Heute gibt es kaum noch wirklich schlechte Produkte. Früher war eine hohe Lebensdauer der Gebrauchsgüter oder die hohe Herstellungsqualität der Konsumgüter für viele Kunden und Verkäufer ein Argument. Heute finden wir seltener noch einen Unterschied. Kaum ein Unternehmen, das es sich leisten kann, auf Qualitätsmanagement und Zertifizierung zu verzichten. Nicht die Qualität, sondern der Komfort oder der Service machen den Unterschied.

Besonders deutlich wird dies, wenn identische Produkte unterschiedlich „verpackt" werden. Beispielsweise verkauft ein Internetprovider Internetpräsenzen ungefähr 60 Prozent teurer als sein Hauptkonkurrent. Viele Kunden nehmen an, die Schnelligkeit und Erreichbarkeit der Server wäre ausschlaggebend für den höheren Preis. Sie erwarten eine überragende Geschwindigkeit. Bei Messungen findet sich jedoch kein Unterschied. Erstaunlicher noch: Tatsächlich befinden sich die Internetseiten unterschiedlicher Anbieter auf denselben Servern. Qualitätsunterschied: null! Einzig der 24-Stunden-Support und weitere Serviceleistungen rechtfertigen den hohen Preis.

➔ Je vergleichbarer die Produkte werden, desto wichtiger wird es, die individuellen Unterschiede zu verdeutlichen. ☞ USP

Und dies bedeutet: Steigerung des Werbedrucks und damit verbunden auch höhere Ausgaben bei der Gewinnung von Neukunden. Genau dies wird von vielen Unternehmen praktiziert. Und genau hier setzt auch Kundenbindung an: An der Überlegung, wie die Kosten für Kundengewinnung im Rahmen gehalten werden können.

➔ Kundenbindung hat also das Ziel, Kosten zu sparen, indem Stammkunden gehalten werden können.

Kundenbindung rechnet sich

Neukunden gewinnen kostet sehr viel mehr, als bestehende Kunden zu halten. Nach Untersuchungen müssen im Durchschnitt für die Gewinnung von Neukunden fünfmal so hohe Aufwendungen erbracht werden. Kurz: Der Schaden, der durch den Verlust eines Kunden entsteht, ist immens. Es lohnt sich also, in Kundenbindung zu investieren.

Am teuersten, am unrentabelsten ist der Kunde im ersten Jahr oder beim ersten Kauf. Überlegen Sie, wie lange die Gesamtdauer der Kundenbeziehung im Idealfall sein kann, und rechnen Sie dann aus, welchen Wert diese Kundenbeziehung darstellt. Langjährige Kundenbeziehungen lohnen sich und daher lohnt es sich auch, in diese Beziehungen zu investieren. Beispielsweise lassen sich mit Stammkunden Cross-Selling-Effekte realisieren.

Ein Beispiel: Ein Versicherungsmakler verdient an Kunden, die mit seiner Autoversicherung zufrieden sind, Jahr für Jahr eine Provision. Zusätzlich macht er mehr Umsatz, da die zufriedenen Kunden auch bei weiteren Versicherungen, die nichts mit dem Auto zu tun haben, auf ihn zukommen.

Einmalkunde		Gebundener Kunde
Grundgewinn	Je länger eine Kundenbeziehung andauert, desto rentabler sind die Geschäfte mit diesem Kunden.	Grundgewinn + allgemeine Kostenreduktion (Datenpflege etc.) + Gewinn durch Zusatzkäufe (Cross Selling etc.) + zusätzliche Kunden durch Empfehlung + Gewinn durch verminderte Preissensitivität + Rückgang von Beschwerden

Kundenbindung ist notwendig

Unter dem Druck verschärften Wettbewerbs und den Bedingungen gesättigter Märkte und austauschbarer Produkte wird es zunehmend schwieriger, durch offensive Strategien Neukunden zu akquirieren (siehe Kap. 4.1). Unternehmen, die heute im Markt bestehen möchten, kommen daher am Thema „Kundenbindung" nicht vorbei. Eine stärkere Bindung der Kunden lässt sich oftmals durch Kundenorientierung erreichen. Zahlreiche Untersuchungen belegen, dass erfolgreiche Unternehmen eine sehr große Marktnähe praktizieren und sich stark an ihren Kunden orientieren.

→ Wachstum ist bedeutend einfacher durch Kundenbindungsstrategien als durch Neuakquise zu erreichen.

So viel Kundenbindung wie nötig

Bei Monopolisten und Unternehmen mit hohen Wechselbarrieren (siehe Kap. 4.6) kann übertriebene Kundenbindung sogar Kosten verursachen, die sich nicht rechtfertigen lassen. Beispiel: Lange Zeit war die einzige Möglichkeit für Autofahrer, die Hauptuntersuchung beim TÜV zu machen, und Kundenorientierung kein notwendiges Instrument. Das ist anders seit es auch andere Anbieter gibt.

Kundenbindung ist ebenfalls unnötig, wenn der Umstieg auf einen anderen Anbieter zu teuer ist, also sehr hohe Wechselbarrieren vorhanden sind. Ein Vermieter hat es beispielsweise nicht nötig, kundenorientiert zu handeln, wenn ein Ladenmieter über Jahre hinweg die „Lage" aufgebaut hat und durch die Stammkunden in unmittelbarer

Umgebung gebunden ist. Bei einem Wechsel würde diese Investition vernichtet werden. „Monopolisten" sollten trotzdem ihren Markt genau beobachten und Kundenbindung nicht völlig aus dem Blick verlieren: Der Wettbewerb kann schneller kommen als gedacht.

1.2 Kaufphasen und Kundenbindung

Kundenbindung bedeutet, Kunden zum Wiederkauf zu bewegen. Es ist nicht die Sekunde, in der Ihr Kunde den Stift zückt, um den Kaufvertrag zu unterschreiben, die zählt! Eine Kundenbeziehung beginnt auch nicht erst in dem Moment, in dem eine Bestellung ins Unternehmen flattert. Möglichkeiten zur Kundenbindung gibt es vielmehr vor, während und nach dem Kauf:

Vorkaufphase	Kontaktphase	
		Kunden, die das erste Mal mit Ihrem Unternehmen in Kontakt treten, sind vorsichtig, manchmal sogar misstrauisch. Schon hier wird deutlich, welchen Vorteil es hat, bestehende Kunden an sich zu binden: Diese geben Ihrem Unternehmen einen Vertrauensvorschuss, sind also leichter für einen Wiederkauf zu gewinnen.
		Egal ob Sie mit potenziellen Kunden durch Mailings, Telefonanrufe, Akquisebesuche oder über Empfehlungen in Kontakt treten, sollten Sie diese Punkte beachten:
		→ Freundlichkeit → Hilfsbereitschaft → Schnelligkeit
		Beispiel: Ein Hotel bewirbt Seminarräume per Direkt-Mailing. Freundlichkeit: Wird der potenzielle Kunde mit Namen angesprochen oder ist nur die Rede von „Sehr geehrte Damen und Herren"? Werden positive Worte im Brief verwendet? Hilfsbereitschaft: Kann der umworbene Kunde die Seminarräume auch zu ungewöhnlichen Zeiten besichtigen? Wird auf Wunsch auch ein Grundriss mit Höhenangaben und Steckdosenplan zugefaxt? Schnelligkeit: Wie schnell wird jemand zurückgerufen, der sich mit der beigelegten Antwortkarte interessiert zeigt?

Vorkaufphase	**Evaluationsphase**	Kunden informieren sich im Vorfeld über die Möglichkeiten, die Sie ihnen bieten. Entscheidend ist hier nicht, was das Produkt kann oder woraus die Dienstleistung besteht, sondern was dies dem Kunden nützt. Weisen Sie diesen Nutzen ganz konkret aus (siehe auch Kap. 3.1).
	Kaufphase	In manchen Unternehmen gibt es keine Verkäufer, sondern nur Berater. Denken Sie daran: Ein Kunde möchte nicht nur Erklärungen hören, sondern er erwartet auch, dass Sie ihm etwas verkaufen! Nehmen Sie Ihren Kunden an die Hand! Viele Kunden empfinden beim Kauf ein Glücksgefühl, welches nach kurzer Zeit in Kaufreue umschlagen kann. Bieten Sie Ihren Kunden hier die Sicherheit, die er braucht. Bestätigen Sie nochmals seine Kaufentscheidung und verhindern Sie so Kaufreue (siehe auch Kap. 3.4).
	Nachkauf- und Nutzungsphase	Der Kunde nutzt Ihr Produkt oder Ihre Dienstleistung. Wie zufrieden ist er? Finden Sie es heraus. Kundenbefragungen sind hier ein geeignetes Instrument und bieten Ihnen einen doppelten Nutzen: Einerseits erfahren Sie, was Ihre Kunden wünschen und wie zufrieden sie mit Ihrem Produkt oder Ihrer Dienstleistung sind. Andererseits halten Sie Kontakt und bereiten so den Weg für einen Wiederkauf.
	Wiederkaufphase	Der Wiederkauf ist das Ziel jeglicher Kundenbindung. Wenn der Kunde wiederkommt, beginnt der Kaufzyklus von neuem. Allerdings haben Sie es dann bedeutend einfacher, mit dem Kunden in Kontakt zu treten, denn schließlich kennen Sie sich ja schon ...

→ Achten Sie daher darauf, dass Sie sich bei Ihren Marketingüberlegungen nicht nur auf bestimmte Phasen beziehen und andere vernachlässigen.

1.3 Gedanken zur Kundenbindung

1.3.1 Versuch einer Definition

Der Begriff Kundenbindung ist zwar in aller Munde und wird in den Strategien als Ziel ausgewiesen, jedoch liegen kaum fest umrissene Definitionen vor, die eine Orientierung und vor allem eine praktische Umsetzung erleichtern.

Kundenbindung kann generell aus zwei Blickwinkeln betrachtet werden:

→ Kundenbindung als gezielte Aktivität eines Anbieters, Kunden an das Unternehmen zu binden, und

→ Kundenbindung als Bereitschaft des Kunden, bei einem bestimmten Anbieter Folgekäufe zu tätigen.

Im ersten Fall umfasst Kundenbindung *„sämtliche Maßnahmen eines Unternehmens, die darauf abzielen, sowohl die bisherigen Verhaltensweisen als auch die zukünftigen Verhaltensabsichten eines Kunden gegenüber einem Anbieter oder dessen Leistungen positiv zu gestalten, um die Beziehung zu diesem Kunden für die Zukunft zu stabilisieren beziehungsweise auszuweiten"*.
(Meyer/Oevermann, 1995; zit. nach Bruhn/Homburg, 2010, S. 8)

Im zweiten Fall ist die Loyalität oder Treue des Kunden gegenüber dem Unternehmen gemeint, die dazu führt, dass er dessen Angebote den Angeboten anderer Unternehmen vorzieht. Maßgebend ist hier die Dauer der Bindung.

Woraus setzt sich der Begriff „Kundenbindung" zusammen? „Kunde" und „Bindung"! Ein Kunde ist also ein Nachfrager, der von einem bestimmten Anbieter bereits mindestens einmal eine Leistung bezogen hat, und zwar unabhängig davon, ob es sich um einen Endverbraucher handelt oder nicht.

Kunden haben daher bereits immer schon gekauft. Kundenbindung beschäftigt sich also damit, auch für die Zukunft sicherzustellen, dass der Kunde wieder kauft. Alle Methoden der Kundenbindung verfolgen das Ziel, den Kunden dergestalt an das Unternehmen zu binden. Und zwar dauerhaft.

1.3.2 Dimensionen der Kundenbindung und -orientierung

Im Wesentlichen lassen sich drei grundsätzliche Dimensionen der Kundenorientierung unterscheiden:

1. Informationsorientierte Dimension

Kundenorientierung wird hier am Grad der vorhandenen Kundeninformation festgemacht. Hohe Kundenorientierung liegt vor, wenn unternehmensweit viele Informationen über die vorhandenen Kunden erfasst sind und diese auch unterschiedlichen Mitarbeitern in unterschiedlichen Abteilungen zugänglich sind. Die Erfassung von Kundeninformationen setzt Marktforschungsuntersuchungen wie Zufriedenheits- und Kundenbindungsstudien voraus. Die Nutzung der Informationen durch Mitarbeiter setzt zentrale Datenbanken und/oder CRM-Systeme voraus (siehe auch Kap. 4.3 „Die richtigen Kunden richtig binden").

Was wissen Sie über Ihre Kunden? Welche Informationen werden festgehalten? Gibt es eine zentrale Datenbank, auf die verschiedene Mitarbeiter Zugriff haben, oder sind die Informationen unzugänglich in Ordnern oder auf Karteikärtchen notiert?

→ Stufe 1 – Kundeninformationen gewinnen: Welche Grundbedürfnisse und Grundwerte hat mein Kunde und wie kann ich diesen durch meine Produkte oder Dienstleistungen entsprechen? Hier sollten auch zukünftige Bedürfnisse berücksichtigt werden. Welche Instrumente der Informationsgewinnung nutzen Sie schon?

→ Stufe 2 – Kundeninformationen verbreiten: Wie schaffe ich es, das gesamte Unternehmen darauf vorzubereiten, die gewonnenen Informationen in Handlungsanweisungen zu übersetzen? Ziel ist, die Kundeninformationen im ganzen Unternehmen zu verbreiten. Im Idealfall sollte jeder Mitarbeiter sich sowohl direkt über jeden einzelnen Kunden informieren können als auch allgemeine Kundeninformationen recherchieren können.

→ Stufe 3 – Änderungen implementieren: Wie können die aus den Kundeninformationen gewonnenen Erkenntnisse im Unternehmen umgesetzt werden? Wenn also festgestellt wird, dass eine Mehrzahl der Kunden ein bestimmtes Zusatzmodul erwerben würde, sollten Marketing, Produktion und Vertrieb Hand in Hand arbeiten, um hier eine Lösung zu finden, die der Kunde auch bezahlen kann und (hoffentlich auch) wird. Ziel ist es, die Kunden mit verbesserten Produkten und Dienstleistungen zu versorgen.

2. Kultur- und philosophieorientierte Interpretation

Kundenorientierung hat mit gelebter Unternehmenskultur zu tun. Damit, welche Normen, Überzeugungen und Werte im Unternehmen vorhanden sind und wie diese gelebt werden. Eine kundenorientierte Unternehmenskultur wirkt sich auch auf das Verhalten der Mitarbeiter im Umgang mit Kunden aus. Ziel sind daher immer auch Maßnahmen zur Veränderung der Unternehmenskultur durch Workshops, Seminare und Trainings.

Welche Maßnahmen haben Sie getroffen, um Unternehmenskultur in Ihrem Unternehmen „erlebbar" zu machen?

3. Leistungs- und interaktionsorientierte Interpretation

Bei der leistungs- und interaktionsorientierten Interpretation wird „Kundenorientierung" aus Kundensicht definiert. Der oft synonym gebrauchte Ausdruck „Kundennähe" macht dies deutlich. Kundenorientierung wird hier auf das unmittelbare Leistungsangebot, also Produkt- und Servicequalität, und auf das Interaktionsverhalten zwischen Anbieter und Kunde bezogen.

→ Kundennähe des Leistungsangebots:
  - Wie hoch ist meine Produktqualität?
  - Wie hoch ist meine Dienstleistungsqualität?
  - Sind die kundenbezogenen Prozesse von hoher Qualität?
  - Zeigt mein Unternehmen Flexibilität bei der Leistungserbringung?
  - Sind die Verkäufer hoch qualifiziert?

→ Kundennähe des Kontaktverhaltens:
  - Bietet der Verkäufer eine gute Beratung?
  - Ist das Unternehmen offen gegenüber Anregungen vonseiten der Kunden?
  - Werden Informationen gegenüber Kunden offengelegt?
  - Wie begegnen die nicht mit Verkaufsaufgaben betrauten Mitarbeiter dem Kunden?

1.3.3 Grundlegende Aspekte der Kundenbindung

Versteht man Kundenbindung als gezielte Aktivität des Anbieters, den Kunden an das Unternehmen zu binden, ist es notwendig, sich über folgende grundlegende Aspekte Klarheit zu verschaffen.

Was genau ist das Bezugsobjekt der Kundenbindung?

Was bedeutet es konkret, wenn Stammkunden zu ihrem Unternehmen eine Beziehung haben? An wen oder was sind sie gebunden? Kundenloyalität kann sich auf ganz verschiedene Bezugsobjekte beziehen.

- *Unternehmen*
  Kundenbindung kann sich auf ein ganz bestimmtes Unternehmen richten. So kauft ein Kunde nur in einem bestimmten Lebensmittelgeschäft, weil es direkt um die Ecke ist, und erwirbt seine Autos nur bei einem bestimmten Autohändler, da in diesem Autohaus einmal eine Reklamation zu seiner vollsten Zufriedenheit geregelt worden ist.

- *Produkt*
  Kundenbindung kann sich auf ganz bestimmte Produkte beziehen. Ein Familienvater mit zwei Kindern fährt in der Regel einen Kombi und keinen Sportwagen. Ein Kunde wohnt in Designermöbeln und bevorzugt stilles Mineralwasser, während es einem anderen gar nicht genug sprudeln kann und er Wert auf stilvolle Garderobe legt.

- *Marke oder Hersteller*
  Kundenbindung kann sich auf ganz bestimmte Marken oder Hersteller beziehen. Beispielsweise auf eine Automarke, eine bestimmte Biermarke oder eine bestimmte Textilmarke. So sagen dann Kunden: Ich bin BMW-Fahrer oder ich bin überzeugter Ford-Fahrer. Andere schwören auf Fürstenberg-Biere und bei wiederum anderen Kunden kommt nur Ritter-Sport-Schokolade zum Naschen infrage.

- *Bezugsperson*
  Viertens kann sich Kundenbindung auf eine Bezugsperson wie einen bestimmten Verkäufer, Außendienstmitarbeiter oder Versicherungsmakler richten.

Ein typisches Beispiel: Friseurmeister/-innen wissen meist genau: Stammkunden sind nicht einzig an ihr Unternehmen gebunden, sondern haben vielfach eine Beziehung zu einzelnen Mitarbeitern. Wenn der betreffende Mitarbeiter die Stelle wechselt, kann es sein, dass ein Teil der Kunden ebenfalls zu diesem Mitbewerber wechselt.

→ Kundenbindung kann sich nicht nur auf das Unternehmen, sondern auch auf Marken, ein bestimmtes Produkt oder eine bestimmte Person beziehen.

Besonders wichtig ist es, sich das Bezugsobjekt der Kundenbindung bewusst zu machen, wenn Veränderungen anstehen. Wenn Mitarbeiter kündigen, wenn neue Lieferanten gefunden werden, wenn eine Marke aus dem Programm genommen wird, wenn das Unternehmen fusioniert. Oft genug bricht hier ein guter Teil der Stammkunden weg. Wem halten Ihre Kunden die Treue? Dem zuvorkommenden Verkäufer? Den von Ihnen vertriebenen Marken oder Produkten? Ihrem Unternehmen als Organisation?

Welche Kunden sollen gebunden werden?

Machen Sie sich bewusst, dass es sich nicht lohnt, jeden Kunden gleichermaßen zu binden. Kundenbindungsaktivitäten sollten nicht mit der Gießkanne, sondern ganz gezielt vorgenommen werden (siehe auch Kap. 4.3 „Die richtigen Kunden richtig binden"). Es wäre verfehlt, auf einen Einmalkäufer die gleiche Mühe zu verwenden wie auf einen potenziellen Stammkunden.

Ordnen Sie Ihre Kunden in ein Kundenportfolio ein (Laufkunden, Fragezeichenkunden, Selektionskunden, Stammkunden, Ertragskunden, Starkunden etc.), um Ihre Kundenbindungsaktivitäten gezielt zu dosieren. Maßgebend sind hier nicht nur Auftragshöhe und Auftragshäufigkeit, sondern auch das möglicherweise zu aktivierende Kaufpotenzial der Kunden.

Wie sollen die Kunden gebunden werden?

Eine Kundenbindung lässt sich grundsätzlich auf vier verschiedene Arten herstellen.

1. Emotionale Kundenbindung
Eine emotionale Bindung ist die sicherste Möglichkeit, Kunden dauerhaft zu halten. Je stärker die Emotionen sind, die Kunden mit einem Unternehmen verbinden, desto unempfindlicher werden sie gegenüber möglichen Wechselanreizen sein.

Besonders **dialogorientierte Kommunikationsinstrumente** wie Kundenclubs, Events oder interaktive Internetauftritte sind geeignet, Kunden persönlich einzubinden und Emotionen hervorzurufen.

→ Emotionale Kundenbindung ist die wichtigste und sicherste Methode, Kunden an ein Unternehmen zu binden.

2. Ökonomische Kundenbindung

Eine ökonomische Kundenbindung besteht dann, wenn für den Kunden ein **Wechsel** der **Geschäftsbeziehung** ökonomisch **unattraktiv** ist. In diesem Fall erscheinen dem Kunden die **Wechselkosten höher** als der dadurch mögliche Vorteil. Die Wechselkosten sind oft durch Austrittsbarrieren (siehe Kap. 4.6) erhöht. Ein **günstiger Preis** allein **reicht** für eine **dauerhafte Kundenbindung nicht** aus.

→ Ein Kunde, der nur des günstigen Preises wegen bei Ihnen kauft, wird Sie sofort verlassen, wenn er anderswo einen Preisvorteil realisieren kann.

3. Vertragliche Kundenbindung

Eine vertragliche Kundenbindung beruht auf **rechtlich zwingenden Vereinbarungen**. Diese können Serviceverträge, Mitgliedsverträge, Abnahmevereinbarungen etc. sein.

4. Technisch-funktionale Kundenbindung

Eine technisch-funktionale Kundenbindung bedeutet **gezwungen** zu sein, bei Zusatzleistungen dasselbe Unternehmen in Anspruch zu nehmen, welches für die Kernleistung verantwortlich war. Beispiele: Autos, deren Elektronik nur durch Spezialwerkstätten überprüft werden kann; Geräte, die sich nur mit Spezialwerkzeug öffnen lassen.

Womit binde ich den Kunden (Kundenbindungsinstrumente)?

Kundenbindung kann über sämtliche Bereiche des Marketings betrieben werden.

Kundenbindung im Rahmen der Produktpolitik

Wie lassen sich Produkte, das Leistungsprogramm, der Service in Bezug auf Kundenorientierung verbessern? Kundenbindungsmaßnahmen sind beispielsweise individualisierte Produktangebote, besonders hohe Qualitätsstandards oder eine Produktentwicklung unter Einbezug von Kunden.

Kundenbindung im Rahmen der **Preispolitik**

Durch preispolitische Maßnahmen können einerseits für den Kunden Anreize geschaffen werden, die Geschäftsbeziehung aufrechtzuerhalten, und andererseits Wechselbarrieren errichtet werden, die dem Kunden einen Anbieterwechsel erschweren. Vor allem folgende Maßnahmen werden im Rahmen der Preispolitik ergriffen:

→ Rabatt- und Bonussysteme (z. B. Bonusmeilen im Rahmen von Vielfliegerprogrammen)

→ Finanzielle Anreize wie Rückvergütungen etc.

→ Preisdifferenzierungsstrategien wie Mengenstaffeln etc.

Kundenbindung im Rahmen der **Kommunikationspolitik**

Im Kundenbindungsmanagement erfüllt die Kommunikationspolitik vor allem das Ziel, in einen Dialog mit dem Kunden zu treten. Zum einen lassen sich so Kundenwünsche ermitteln, zum anderen wird versucht, Kunden emotional einzubinden (siehe oben).

Dialogorientierte Kommunikationsinstrumente

... sind besonders geeignet, Kunden emotional einzubinden:

→ Direkt-Mailing-Aktionen weisen auf aktuelle Angebote und Ereignisse hin.

→ Kundenzeitschriften berichten von Erfahrungen anderer Kunden und schaffen so ein Gemeinschaftsgefühl.

→ Kundenkarten vermitteln das Gefühl der Exklusivität.

→ Kundenclubs versprechen Sonderkonditionen und attraktive Angebote.

→ Telefonumfragen bringen wichtige Informationen und signalisieren Interesse am Kunden.

→ Interaktive Internetseiten ermöglichen aktuelle Information und unmittelbaren Austausch.

→ Virtuelle Gemeinschaften im Internet (sog. Net-Communitys) können zeit- und ortsunabhängig unbegrenzt vielen Kunden ein Wir-Gefühl vermitteln.

→ Periodisch erscheinende Newsletter per E-Mail versorgen Kunden kostengünstig mit aktuellen Informationen.

→ Kundenfeste und Events können hautnah Stimmungen und Emotionen vermitteln.

Überlegen Sie, durch welches dieser Instrumente Sie zu Ihren Kunden eine emotionale Brücke schlagen können.

Kundenbindung durch Vertriebspolitik
Kunden sollen über besonders einfache Bestell- und Liefermöglichkeiten gebunden werden. Kundenbindung kann auch durch die Einrichtung elektronischer Bestellmöglichkeiten erzielt werden.

Wann und wie intensiv soll Kundenbindung betrieben werden?

Machen Sie sich Gedanken darüber, wann und wie intensiv Sie Ihren Kunden ansprechen möchten. Denn schließlich möchten Sie ihn weder überfrachten noch vernachlässigen.

Kunden, die ständig mit Telefonaten oder anderen Kundenbindungsmaßnahmen „bombardiert" werden, können verärgert werden. Kunden, die lange nicht kontaktiert werden, können sich schon anderweitig umgesehen haben.

Welche Kooperationen sind sinnvoll?

Prüfen Sie, ob Sie die Ziele, die Sie mit Ihrer Kundenbindungsmaßnahme erreichen möchten, auch einfacher durch Kooperation mit anderen Unternehmen erreichen können. Stellen Sie fest, mit welchen Unternehmen Sie prinzipiell eine Kooperation eingehen können und bei welchen Unternehmen sich eine Zusammenarbeit auch für Sie lohnt.

1.3.4 Kundenloyalität – Weshalb kommen Kunden wieder?

Dass Kunden überhaupt wiederkommen, kann ganz unterschiedliche Ursachen haben. Nicht immer ist es vom Kunden geplant und berechnet, oftmals spielen auch Gewohnheit oder Zufall eine Rolle. Da wird beispielsweise aus Gewohnheit beim selben Lieferanten eine Papierbestellung aufgegeben oder aus Gewohnheit die Zeitung am Bahnhof gekauft.

Ein planvolles Handeln in Bezug auf Kundenloyalität kann zwei verschiedene Gründe haben: Entweder überwiegt der in Zukunft erwartete Nutzen eines Wiederkaufs oder es werden Wechselbarrieren wahrgenommen.

Gründe für Kundenloyalität

→ Wenn der erwartete Nutzen den Nutzen aller Alternativen übertrifft, ist der Kunde zufrieden und möchte aus eigenem Antrieb erneut beim bisherigen Anbieter kaufen.

→ Wenn der Kunde Wechselbarrieren überwinden muss, ist es für ihn schwieriger, den Nutzen alternativer Anbieter zu realisieren. Je nachdem, wie er seine Chancen beurteilt, diese Barrieren zu überwinden, wird er wieder beim alten Anbieter kaufen.

Sobald die Wechselbarrieren wegfallen oder überwunden werden können, wird er für alternative Angebote offen sein.

Kundenloyalität bezieht sich darauf, wie viel Prozent der Kunden innerhalb einer definierten Periode wiederkommen. Je höher die Kundenloyalität, desto profitabler wirkt sich dies für das Unternehmen aus.

Die Loyalitätsrate zeigt an, wie viele Kunden aus der letzten Periode auch in der aktuellen Periode wieder gekauft haben. Diese Perioden können ganz unterschiedlich lang definiert werden: Bei Call-by-Call-Anbietern kann sie wenige Stunden betragen, bei Autohäusern mehrere Jahre.

Kundenbindung bedeutet, loyale Kunden zu erhalten, Kunden, die zum Unternehmen stehen, Kunden, die gerne wiederkommen.

→ Zufriedene Kunden sind loyale Kunden. Und loyale Kunden kommen wieder.

Neben Kundenbindungsaktionen erhalten Sie zufriedene Kunden vor allem über den Aufbau einer serviceorientierten Unternehmenskultur. Kundenorientierung sollte daher fest in der Unternehmenskultur verankert sein, damit alle Mitarbeiter entsprechend handeln.

In den letzten Jahren ist eine sinkende Loyalität der Verbraucher zu beobachten. Folgende Gründe werden dafür verantwortlich gemacht:

→ Steigende Mobilität (Vergrößerung des Einkaufsgebiets)
→ Zunehmende Markttransparenz durch Medien (Verbraucher ist aufgeklärter)

→ Abnehmender Zeitdruck durch flexible Arbeitszeiten und zunehmende Freizeit (Kunde kann Angebote eingehender miteinander vergleichen)
→ Zunehmende Kritikbereitschaft der Verbraucher
→ Schnäppchenjagd als Freizeitbeschäftigung (sog. „Smart Shopper")

1.3.5 Erfolgsfaktor Kundenzufriedenheit

Kundenzufriedenheit ist das Ergebnis eines Vergleichsprozesses von Kunden zwischen deren Erwartungen (Soll-Leistung = subjektive Erwartungen, Bedürfnisse, Ansprüche, Ziele) und den tatsächlich erhaltenen Leistungen (Ist-Leistung = tatsächlich erlebte Motivbefriedigung oder erreichte Bedürfnisbefriedigung).

Ziel jeder Aktivität zur Kundenorientierung ist die Steigerung der Kundenzufriedenheit. Im Klartext: Kundenorientierung ist erst dann gelebt, wenn Ihre Kunden mehr als hundertprozentig zufrieden sind. Vor allem natürlich Ihre Stammkunden.

Die Erwartungen werden durch folgende Faktoren beeinflusst:
→ Persönliche Empfehlungen. Zum Beispiel schwärmt ein guter Freund von einem ganz bestimmten Anbieter.
→ Persönliche Bedürfnisse
→ Bisherige Erfahrungen. Wir alle haben Erfahrungen gesammelt und wissen grob, womit wir zu rechnen haben.
→ Leistungsversprechen der Unternehmen
→ Wissen um Alternativangebote. Beispielsweise haben Kunden schon Angebote von Mitbewerbern vorliegen.
→ Individuelles Anspruchsniveau

Die tatsächlich erbrachten Leistungen werden durch folgende Faktoren beeinflusst:
→ Subjektive Wahrnehmung
→ Kompetenz des Unternehmens, der Servicemitarbeiter
→ Qualität der Leistung
→ Preis der Leistung
→ Sicherheit der Leistungserbringung
→ Entgegenkommen und Kulanz
→ Erreichbarkeit

Kundenzufriedenheit ist das Ergebnis eines Vergleichsprozesses

Oftmals gibt es sehr viele Aspekte, die Kunden in ihr Zufriedenheits-
urteil einbeziehen. Ziel ist es, alle Aspekte mindestens zu erfüllen,
wenn nicht sogar zu übertreffen, ansonsten kann dies bereits zu Unzufriedenheit führen.

Wie finden Sie heraus, wie zufrieden Kunden wirklich sind? Fragen,
fragen, fragen. Telefonisch, persönlich oder schriftlich.

Zwei Möglichkeiten, um Kundenzufriedenheit zu messen:
- → Subjektive Messverfahren der Kundenzufriedenheit durch Informationen über den Kontakt zum Kunden (im Geschäftskontakt
  mit Kunden reden, Befragungen durchführen, Beschwerden
  erfassen)
- → Objektive Messverfahren durch Auswertung von Statistiken (Umsatz, Wiederkaufrate, Neukunden, Loyalitätsraten)

Steigerung der Kundenzufriedenheit

Grundsätzlich gibt es zwei Möglichkeiten, aktiv die Kundenzufrieden-
heit zu steigern:
- → Die tatsächlich erbrachte Leistung steigern.
- → Die vorhandenen Erwartungen dämpfen.

Beide Strategien sind Erfolg versprechend und werden im Alltag an-
gewandt. Erwartungen dämpfen können Sie jedoch nur, wenn Sie eine starke Position im Markt haben oder Meinungen beeinflussen

können (siehe Kap. 2.4) und somit direkt Erwartungen der Kunden beeinflussen können.

→ **Wecken Sie weder zu hohe noch zu niedrige Erwartungen beim Kunden.**

Werden die Erwartungen zu hoch geschraubt und nicht erfüllt, kann dies leicht zu Unzufriedenheit führen. Achten Sie also darauf, nur das zu versprechen, was Sie auch einhalten können. Werden die Erwartungen dagegen zu niedrig angesetzt, kann es sein, dass dem Unternehmen die Kunden ausbleiben. Achten Sie also auch darauf, dass Ihre Kunden auch bestimmte „Mindesterwartungen" haben dürfen.

Beispiele für zu hoch geschraubte Erwartungen:

→ Ein Büroartikelversender bietet Erreichbarkeit rund um die Uhr. Dass allerdings nach 20 Uhr nur noch ein Anrufbeantworter zu hören ist, ärgert viele Kunden.

→ Ein Textilgeschäft verspricht: *„Kleidung können Sie mit Kassenbon innerhalb zwei Wochen ohne Begründung zurückgeben."* Dass kein Bargeld ausgezahlt, sondern ein Warengutschein ausgehändigt wird, verstimmt viele Kunden.

→ Ein Autohändler lobt das Samstagmorgenbuffet in seinem Autohaus. Dass dann allerdings nur Kaffee und trockene Brezeln gereicht werden, enttäuscht viele Besucher.

Kundenzufriedenheit entsteht in besonderem Maße, wenn Erwartungen nicht nur erfüllt, sondern sogar übertroffen werden (siehe Kap. 3.2).

Erwartungslücken als Unzufriedenheitsfalle

Unzufriedenheit Ihrer Kunden entsteht mit nicht erfüllten Erwartungen. Eine Lücke zwischen Erwartungen und deren Erfüllung kann an vier Stellen auftreten:

→ **Lücke 1: Der Kunde hat andere Erwartungen als angenommen.**
Oft genug werden Erwartungen als gegeben und selbstverständlich vorausgesetzt, anstatt konkret danach zu fragen. Ermitteln Sie in Gesprächen mit Ihren Kunden deren Erwartungen und überlegen Sie, ob Sie diese erfüllen können.

→ **Lücke 2: Die Kundenerwartungen sind zwar bekannt, aber im Unternehmen herrschen abweichende Standards.**
Interne Prozessabläufe und Standards sind kein Selbstzweck. Überlegen Sie, ob Sie Ihre Standards so anpassen können, dass diese zu den Kundenerwartungen passen.

→ **Lücke 3: Leistungsnormen werden nicht erreicht.**
Sie können nicht dauerhaft fehlerfrei produzieren. Hier ist es umso wichtiger, mit der Reklamation des Kunden auf passende Weise umzugehen. Ein unzufriedener Kunde ist ein kostenloser Qualitätsbeauftragter für Ihr Unternehmen. Bessern Sie nach.

→ **Lücke 4: Die Leistung ist fehlerfrei, entspricht aber nicht den Erwartungen des Kunden.**
Wecken Sie keine falschen Erwartungen oder Erwartungen, die Sie nicht sicher erfüllen können.
Oft sind es hier kleine Dinge die Unzufriedenheit provozieren. Zum Beispiel wird ein Kontigent besonderer Wohnaccesories angeboten und eine Kundin geht mit zwei Stück zur Kasse. Dort stellt sich heraus, dass man sie nur im Viererpack erwerben kann. Der gute Wille der Kassiererin, eine Ausnahme zu machen, scheitert – sie kann nur vier Stück in die Computerkasse eingeben.

Die Indifferenzfalle der Kundenzufriedenheit!

Wenn zufriedene Kunden eine Kundenbindung aufweisen, dann sollten noch zufriedenere Kunden eine noch höhere Bindung aufweisen. Dies ist grundsätzlich richtig, jedoch ist der Zusammenhang zwischen Kundenzufriedenheit und Kundenbindung nicht linear.

Insbesondere ist ein Bereich zu beobachten, bei dem zwar die Kundenzufriedenheit zunimmt, eine stärkere Kundenbindung jedoch noch nicht auftritt (siehe folgende Abbildung). Wenn ein solches Plateau erreicht ist, stellt sich die Frage, ob verstärkte Bemühungen um die Steigerung von Kundenzufriedenheit lohnend sind.

→ Hohe Kundenzufriedenheit muss nicht notwendig immer auch starke Kundenbindung nach sich ziehen.

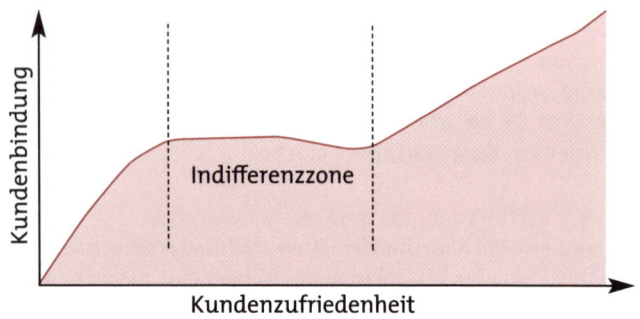

Der Zusammenhang zwischen Kundenzufriedenheit und Kundenbindung ist nicht linear

1.3.6 Überdenken Sie Ihren Kundenbegriff

Eine einfache Definition von Kunden kann sein: Kunden sind Personen, die Ihre Produkte oder Dienstleistungen kaufen und direkt bezahlen ... Fassen Sie Ihren Kundenbegriff noch weiter. Grundsätzlich können Sie drei verschiedene Bereiche unterscheiden:

Externe Kunden

Als externe Kunden werden alle Personen bezeichnet, die Ihre Dienstleistungen in Anspruch nehmen oder Ihre Produkte kaufen. Diese Kunden stehen unstrittig im Mittelpunkt eines jeden Handelns.

Interne Kunden

Alle Mitarbeiter Ihres Unternehmens sind Ihre internen Kunden (siehe Kap. 1.3.7). Ihre internen Kunden erhalten etwas, das sie benötigen. Die Schwierigkeit besteht darin, die Arbeitsbeziehungen zwischen einzelnen Abteilungen zu optimieren, denn dies wird oftmals durch Rivalitäten oder Abteilungsdenken behindert.

Andere Interessengruppen

Interessengruppen können als Meinungsbildner das Bild vom Unternehmen positiv oder negativ beeinflussen (siehe auch Kap. 2.4). Dies können Lieferanten, Familienangehörige der Mitarbeiter oder Anwohner sein, aber auch öffentliche Gruppierungen, die an dem Unternehmen ein Interesse haben.

Die fünf Schritte der Kundenbindung
Vom austauschbaren Einmalkäufer zum persönlichen Partner

Kundenbearbeitung

1

- Der Kunde bleibt völlig anonym.
- Seine Wünsche werden lediglich abgearbeitet.
- Er kann keinen individuellen Nutzen erwarten.
- Die Servicemitarbeiter haben eine niedrige Qualifikationsstufe.
- Es bestehen keinerlei Austritts- bzw. Wechselbarrieren.

Kundenberatung

2

- Der Kunde erhält eine Unterstützung nach Standard.
- Der Kundennutzen ist durchschnittlich.
- Die Qualifikation der Mitarbeiter liegt ebenfalls im Durchschnitt.
- Da nur geringe Austrittsbarrieren bestehen, ist die Abwanderungsgefahr groß.

Kundenbetreuung

3

- Der Kunde erhält eine individualisierte Unterstützung.
- Er bekommt einen Mehrwert.
- Die Qualifikation der Servicemitarbeiter liegt über dem Durchschnitt.
- Ein Wechsel ist für den Kunden überlegenswert.

Kundenbeziehung

4

- Der Kunde wird zum Partner.
- Es entstehen persönliche Beziehungen.
- Er erhält einen ganz konkreten, individuellen Nutzen.
- Die Servicemitarbeiter sind persönlich und fachlich hoch qualifiziert.
- Der Kunde wird einen Wechsel gründlich überdenken.

Kundenbindung

5

- Es besteht eine langfristige Partnerschaft.
- Anbieter und Kunde agieren nach dem Win-win-Prinzip.
- Der optimale Kundennutzen wird realisiert.
- Höchste fachliche und persönliche Qualifikation der Servicemitarbeiter.
- Hohe Austrittsbarrieren: Für den Kunden würde ein Wechsel eine einschneidende Veränderung bedeuten.

1.3.7 Anwendung der Begriffe auf Mitarbeiter

Mitarbeiter sind – wie in Kap. 1.3.6 ausgeführt – interne Kunden. Interne Kundenbeziehungen sind oft wechselseitig. So ist einerseits für Sie als Chef ein Mitarbeiter Ihr interner Kunde. Er erwartet von Ihnen klare Anweisungen und wünscht sich ein offenes Ohr bei Problemen. Andererseits sind Sie als Chef ebenfalls interner Kunde des Mitarbeiters. Sie möchten schnelle Rückmeldung über den Stand der Arbeiten. Sie haben bestimmte Anforderungen an Zeit und Qualität der Arbeit. Ihr Mitarbeiter „verkauft" Ihnen auch die Kosten z.B. bei einer Gehaltserhöhung.

Auch die Personalentwicklung betrachtet Mitarbeiter unter der Perspektive „interner Kunden". Ein Mitarbeiter bleibt im Unternehmen, weil er sich diesem verbunden fühlt (emotionale Kundenbindung); er bleibt, weil er sich schon in eine höhere Gehaltsklasse „vorgearbeitet" hat (ökonomische Kundenbindung); es kann auch sein, dass er einen Arbeits- oder Werkvertrag von einer festen Dauer abgeschlossen hat (vertragliche Kundenbindung), oder es kann sein, dass er sich im Laufe der Jahre Spezialwissen angeeignet hat, welches jedoch nur im bisherigen Unternehmen gebraucht wird, da andere Unternehmen ganz anders arbeiten (technisch-funktionale Kundenbindung).

1.4. Zusammenfassung

→ Auf stagnierenden Märkten werden Produkte und Dienstleistungen austauschbar, Innovations- und Wettbewerbsdruck steigen.
→ Veränderte Rahmenbedingungen für Unternehmen – vom Verkäufermarkt zum Beziehungsmarketing.
→ Kunden werden zunehmend kritischer und anspruchsvoller und gewinnen durch die Medien eine hohe Markttransparenz.
→ Kundenbindung bezeichnet die gezielte Aktivität eines Anbieters, Kunden an das Unternehmen zu binden, sowie die Bereitschaft des Kunden, Folgekäufe zu tätigen.
→ Kundenbindung greift während aller Verkaufsphasen: vor, während und nach dem Kauf (Kontaktphase, Evaluationsphase, Kaufphase, Nutzungsphase, Wiederkaufphase).
→ Sie können Kunden emotional, ökonomisch, vertraglich oder technisch an sich binden.
→ Sie können Kundenbindung im Rahmen Ihrer Produkt-, Preis-, Kommunikations- und Vertriebspolitik betreiben.

→ Ihr Ziel sollte es sein, über Kundenorientierung Kundenzufriedenheit zu erreichen. Nur zufriedene Kunden sind loyale
Kunden. Nur loyale Kunden kommen wieder.

→ Kundenzufriedenheit ist das Ergebnis eines Vergleichsprozesses
zwischen Ansprüchen und Erwartungen und der tatsächlich
wahrgenommenen Leistung.

→ Ihnen stehen zwei Stellschrauben zur Verfügung, um die Zufriedenheit Ihrer Kunden zu erhöhen: Entweder Sie steigern Ihre Leistungen oder Sie dämpfen die Erwartungen Ihrer Kunden.

→ **Vertiefen und Anwenden**

*Suchen Sie allgemein Beispiele für ökonomische, vertragliche und
technisch-funktionale Kundenbindung. Überlegen Sie danach, welche Art der Kundenbindung für Ihre Firma infrage kommt und entwickeln Sie dazu Ideen.*

→ **Aufgaben**

1. *Weswegen ist Kundenbindung für viele Unternehmen eine
   Überlebensvoraussetzung?*

2. *Wodurch rechnet sich Kundenbindung?*

3. *Nennen Sie die verschiedenen Kaufphasen im
   Kundenbindungszyklus!*

4. *Finden Sie Beispiele für Bezugsobjekte der Kundenbindung (Unternehmen, Produkt, Marke, Bezugsperson) auf Ihr Unternehmen
   bezogen!*

5. *Prüfen Sie anhand der fünf Schritte der Kundenbindung, in welcher Phase Sie sich mit Ihrem Unternehmen befinden.*

Beispiele zur obigen Vertiefungsaufgabe
Ökonomische Kundenbindung: Eine Brauerei stattet den Gastronomen
mit Darlehen und Theken aus. Vertragliche Kundenbindung: Der Besuch
eines Fitness-Studios ist oft mit einer vertraglichen Kundenbindung
verbunden. Technisch-funktionale Kundenbindung: Tintenstrahldrucker
mit codierten Patronen, was nur Originalprodukte zulässt.

2 Kommunikation – Wie begegne ich meinem Kunden?

Lernziele
→ Sie erfahren, welche Kanäle sich für die Kundenansprache anbieten.

→ Sie lernen Besonderheiten der verschiedenen Kanäle kennen.

→ Sie arbeiten heraus, wie Ihr Auftreten die Beziehung zu Ihren Kunden beeinflusst.

Mit Ihren Kunden können Sie auf vielfältige Weise in Kontakt treten. Sie können Informationen über Medien veröffentlichen oder dem Kunden direkt Auge in Auge gegenüberstehen. Eine Kommunikation über Dritte wie z. B. durch Meinungsbildner ist ebenfalls möglich.

Es lassen sich vier Kommunikationsbereiche unterscheiden:
→ Medien wie Flyer, Direkt-Mailings oder Internet
→ Telefon
→ Face-to-Face-Kommunikation, Kundengespräch
→ Öffentlichkeitsarbeit, PR

Oft werden Marketingaktivitäten eingestellt, wenn unmittelbar keine Rückmeldung erreicht wird. Hier lauert eine große Gefahr. Oftmals dauert es sehr lange, bis konkrete Rückmeldungen erfolgen. Bleiben Sie mit Ihren Kunden in Kontakt: per E-Mail, schriftlich, per Telefon oder durch persönliche Besuche.

→ Viele Verkäufer und viele Unternehmen geben zu früh auf, eine Beziehung zum Kunden zu knüpfen. Bleiben Sie dran. Beziehungen entstehen nicht von heute auf morgen.

2.1 Kommunikationsbereich Medien

Sie möchten mit Ihren Kunden in Kontakt treten, möchten im Gespräch und in Beziehung bleiben. Die einfachste Möglichkeit, dies zu tun, ist die Kommunikation über Medien. Allerdings sind Kundenkontakte über Medien oft einseitig. Ziel vieler Maßnahmen ist es daher, den Kunden zu einem Antworten, einem Dialog, zu animieren. Besonders geeignet ist hierzu das interaktive Medium Internet. Unabhängig davon, welches Medium genutzt wird, ist es wichtig, darauf zu achten, sich konsequent einheitlich darzustellen.

2.1.1 Corporate Design – Unverwechselbare Visitenkarte

Die einheitliche Unternehmensdarstellung, das sog. Corporate Design (CD), soll sicherstellen, dass Ihr Unternehmen Ihren Kunden bei jeder Gelegenheit ein optisch identisches und unverwechselbares Erscheinungsbild bietet. Dies betrifft sowohl externe als auch interne Kommunikation. Ein Corporate Design, das sich ständig ändert und neuen Modetrends folgt, mag zur Neukundengewinnung und bei Spontankäufern eine Überlegung wert sein. Sobald Sie jedoch Kunden haben, die wiederkommen – und dies trifft hoffentlich auf Ihr Unternehmen zu –, ist die Beachtung der Corporate-Design-Richtlinien (Styleguide) dringend nötig.

→ Je konsequenter Sie Ihr Corporate Design umsetzen, desto unverwechselbarer werden Sie am Markt und desto höher ist der Wiedererkennungswert bei Ihren Kunden.

Entscheidend für ein einheitliches Erscheinungsbild sind wiederkehrende und wiedererkennbare Gestaltungs- und Stilelemente.

Firmenlogo, Hausfarben und Hausschriften

Achten Sie beim Firmenlogo und Ihren Hausfarben peinlich genau darauf, diese unverändert in sämtlichen Medien zu verwenden. Nichts ist für Stammkunden verwirrender als veränderte Schriften oder verfälschte Farben im Logo. Nur durch einen einheitlichen Unternehmensauftritt in Print- und anderen Medien stellen Sie sicher, dass Ihre Stammkunden nicht irritiert werden. Alle Drucksachen sollten im Idealfall in einheitlichen Hausfarben gehalten werden und eine einheitliche Hausschrift nutzen. Diese Schrift sollte auf allen Computern vorhanden und allen Mitarbeitern bekannt sein.

Übereinstimmende Gestaltungsstrukturen

Manche Unternehmen schreiben Briefe grundsätzlich im Blocksatz, gestalten Anzeigen mit Blocksatz und werben mit Broschüren, die im Blocksatz gestaltet sind. Andere Unternehmen verwenden einen 1,2-fachen Zeilenabstand ebenfalls in allen Drucksachen. Und bei wiederum anderen Unternehmen finden Sie nach jedem Absatz ein rotes Quadrat ... Egal welche Gestaltungsstrukturen Sie vorgeben, sorgen

Sie dafür, dass diese allen bekannt sind, und kontrollieren Sie, dass diese eingehalten werden.

Ein Beispiel macht nochmals deutlich, worauf zu achten ist: Eine neue Mitarbeiterin ist seit zwei Wochen am Arbeitsplatz. Sie hat Probleme, den Überblick zu behalten, welche Briefe von ihrer Vorgängerin selbst geschrieben wurden. Denn diese war sehr kreativ, was die Briefe betraf. Mal wurde die Schrift gewechselt, mal die Schriftgröße. Es ist unnötig zu sagen, dass die Kunden dies genauso empfanden und meist zwischen Irritation und Belustigung schwankten.

Qualitätssicherung

Kleine Fehler und Ungenauigkeiten können vorkommen. Unangenehm wird es dann, wenn sich Fehler summieren und der Kunde immer wieder dieselben Tippfehler oder Ungenauigkeiten zu sehen bekommt. Suchen Sie sich einen Mitarbeiter, einen Freund oder einen Geschäftspartner und bitten Sie diesen, die für Kunden bestimmten Unterlagen aus Sicht des Kunden durchzusehen.

2.1.2 Direkt-Mailing-Aktionen zur Kundenbindung

Direkt-Mailings werden im Rahmen des Kundenbindungsmanagements besonders dann eingesetzt, wenn der Kontakt zum Kunden aufgefrischt werden soll oder gar die Gefahr besteht, dass dieser in Kürze abwandert.

Diese Gefahr besteht im Rahmen einer vertraglichen Kundenbindung beispielsweise bei Auslaufen einer Mindestvertragszeit, im Falle einer emotionalen Bindung nach einer vorangegangenen Reklamation und bei technisch-funktionalen Bindungen dann, wenn Mitbewerber Innovationen auf den Markt bringen.

Im Folgenden je ein Beispiel:

Beipiele zur Vermeidung der Abwanderung von Kunden
→ Vertragliche Kundenbindung: Seit 18 Monaten hat eine Kundin ihr Handy. Obwohl ihr Vertrag noch 6 Monate läuft, erhält sie von ihrem Vertragspartner ein interessantes Angebot: entweder 30 Euro Gesprächsguthaben oder ein neues schickes Handy. So fällt es ihr nicht schwer, den Vertrag zu verlängern.

→ **Emotionale Bindung:** Nachdem eine Kundin auf ein Mittel ihrer Kosmetikerin mit Hautirritationen reagiert hat, erhält sie öfter Post von ihrem Kosmetikinstitut. Manchmal enthält das Mailing Gratisproben, meist jedoch aktuelle Informationen. Besonders interessant sind für Frau Schmidt die Einladungen zu Kurzvorführungen, während derer neue Pflegemittel ausprobiert werden können. Selbstverständlich notiert sie den nächsten Termin gleich in ihrem Kalender.

→ **Technisch-funktionale Bindung:** Ein Kunde ist Kaffeegenießer. Vor kurzem hat er ein Kaffeesystem erworben, bei dem nur der vorportionierte Kaffee des Herstellers verwendet werden kann. Jetzt bekommt er regelmäßig Post, in der ihm der Hersteller neue Zubereitungsvarianten vorstellt und Lust auf neue Kaffeesorten macht.

➡ **Über Direkt-Mailings halten Sie Kontakt und signalisieren Ihrem Kunden Interesse.**

Die Direktmarketingcenter der Deutschen Post (und auch regionale Anbieter sowie Anbieter aus dem Ausland) bieten eine kostenlose Beratung zum Thema Direkt-Mailings an. Nutzen Sie diese Möglichkeit!

2.1.3 Personalisierte Medien und Geschenke

Sie möchten zu Ihren Kunden eine persönliche Bindung herstellen! Nutzen Sie hierzu persönliche Geschenke und personalisierte Unterlagen. Damit dokumentieren Sie, dass Ihr Kunde für Sie etwas Besonderes und Einzigartiges darstellt. Untersuchungen haben gezeigt, dass personalisierte Unterlagen bedeutend seltener im Papierkorb landen, weil Kunden Hemmungen haben, sie einfach wegzuwerfen.

➡ **Auch standardisierte Unterlagen können sehr einfach personalisiert werden.**

Dies bedeutet nicht, auf alle Artikel eine Goldprägung mit dem Namen des Kunden aufzubringen. Unterlagen bekommen schon eine persönliche Note durch eine Widmung, einen Aufkleber, eine Unterstreichung oder handschriftliche Randnotiz oder eine besondere Verpackung. Je individueller und persönlicher eine Kundenansprache ist, desto wirkungsvoller ist sie.

Geburtstags- und andere Karten

Ein Geburtstag ist etwas sehr Persönliches. Gratulieren Sie wichtigen oder vielversprechenden Kunden mit einer Karte. Ein solch persönlicher Gruß wird Ihre Kunden überraschen und wirkt viel nachhaltiger als die üblichen anonymen Massendrucksachen. In vielen Branchen ist das Geburtsdatum ein fester Bestandteil der Kundendatei. Viele Verkäufer nutzen Verkaufs- und Beratungsgespräche auch, um ganz beiläufig nach dem Geburtsdatum zu fragen. Bei fünfhundert wichtigen Kunden bedeutet dies im Schnitt täglich zwei persönlich geschriebene oder unterschriebene Karten. Das erfordert nicht viel Zeit. Und der Aufwand lohnt sich!

Ein Tipp: Denken Sie im Endkundengeschäft wenn möglich bei Paaren an beide Geburtstage. Selbst wenn nicht beide Partner Kunden sein sollten, wird man Ihre Aufmerksamkeit zu schätzen wissen.

Eine abgewandelte Idee ist es, mit Karten wichtige Stationen oder Ereignisse der Kundenbeziehung zu thematisieren. Naheliegend ist eine Karte anlässlich eines Kaufjubiläums. Dies bietet sich vor allem bei langlebigen Investitionsgütern an. Manche Autohäuser verschicken Karten zum Jahresjubiläum des Autokaufs und Architekten erinnern mit Karten an das Jahresjubiläum des Richtfests. Neben Karten können Sie natürlich auch weitere Möglichkeiten wählen, dem Kunden Aufmerksamkeit zu zollen und sich selbst in Erinnerung zu bringen. Einige Möglichkeiten:

→ Senden Sie ein individuelles Präsent.
→ Überraschen Sie den Kunden durch einen Telefonanruf.
→ Senden Sie Blumen.

Personalisierung von Unterlagen und Geschenken

Eine besondere Möglichkeit besteht darin, Unterlagen individuell zu ergänzen oder zu personalisieren. Ein Buch mit einer Widmung gewinnt an Wert und eine Broschüre mit handschriftlichen Zusatzinformationen ebenso. Es gibt vielfältige Beispiele dafür, was sich ohne großen Aufwand pesonalisieren lässt. Dies beginnt bei den Weihnachtspräsenten. Egal, wie hoch der materielle Wert auch sein mag, wirkungsvoller sind immer individuell ausgesuchte Präsente mit einer persönlichen Widmung. Nicht aufdringlich, aber persönlich. So erinnern sich die Kunden meist gerne an das Unternehmen.

Das gilt auch und gerade für geschäftliche Unterlagen. Beispiel: Ein Außendienstmitarbeiter, der sich an die Devise hält: Keine Unterlage, die nicht personalisiert ist. Auch wenn es „nur" um einen neuen Prospekt geht. Zumindest eine Haftnotiz mit einer kurzen Bemerkung klebt immer in den Unterlagen. So fühlen sich seine Kunden persönlich angesprochen und nicht als eine Nummer unter vielen.

Hier einige Beispiele für Personalisierungsmöglichkeiten:
→ Verschenken Sie Bücher mit Firmenstempel und Widmung.
→ Verwenden Sie Haftnotizen bei Prospekten.
→ Markieren Sie in Unterlagen für den Kunden besonders interessante Stellen.
→ Vermerken Sie den Namen des Kunden handschriftlich.

2.1.4 Internetauftritt

Gerade das Internet ist aufgrund seiner Interaktivität besonders geeignet, in den Dialog mit Kunden zu treten – unmittelbar, zeit- und ortsunabhängig. Oftmals finden sich Internetauftritte, die fast nur auf Neukunden ausgerichtet sind. Für Stammkunden findet sich dort sehr wenig. Sorgen Sie dafür, dass Ihre Internetseiten sowohl für Neukunden attraktiv, einfach und ansprechend sind als auch für Stammkunden ein entsprechendes Angebot bereithalten.

Besonders attraktiv ist es für Stammkunden wiederzukommen, wenn es einen speziellen Kundenbereich gibt, der für „Normalbesucher" nicht zugänglich ist. Das schafft Exklusivität und Ihre wichtigen Kunden fühlen sich ernst genommen.

Beispiel: Spezielle Kundenbereiche auf der Homepage

Ein Verkaufstrainer bietet auf seiner Homepage einen speziellen Kundenbereich an. Hier können sich seine Seminarteilnehmer und deren Vorgesetzte nach erfolgtem Workshop weitere Informationen herunterladen. Da dieser Bereich durch einen Zugangscode gesichert ist, haben die Kunden das Gefühl, hier etwas Exklusives zu erhalten. Natürlich gibt es dann auch allerlei Interessantes und Unterhaltsames: Checklisten, Unterlagen, Fotos, Cartoons oder Bilder. Für die Besucher alles gratis. Weil die Seiten regelmäßig aktualisiert werden, kommen viele Kunden öfter auf diese Homepage.

Anmutung und Qualität einer Internetpräsenz müssen den auch bei Drucksachen üblichen Qualitätsanforderungen entsprechen. Damit ist der Qualitätsstandard an sich gemeint, nicht jedoch ein unmittelbarer Übertrag.

→ Es hat wenig Sinn, Printmedien nahezu unverändert ins Netz zu stellen. Das Internetangebot sollte vielmehr einen ganz konkreten Zusatznutzen bieten.

Während Printmedien linear und statisch sind, leben Internetangebote von ihrer Interaktivität. Kunden kommen nur dann immer wieder auf die Internetseiten eines Unternehmens, wenn dort ein wirklicher Vorteil und Zusatznutzen geboten wird.

Überlegen Sie, welcher Zusatznutzen für Ihre Kunden von Interesse sein könnte.

→ Aktuelle Informationen rund um Produkt, Leistungserstellung und Unternehmensumfeld
→ Benutzerforum, in dem Kunden ihre Erfahrungen austauschen können
→ Servicebereich, in dem schnelle und fachkundige Beratung angeboten wird
→ Linkliste, die auf andere für Kunden interessante Websites verweist
→ Schnelle und kundenfreundliche Bestellmöglichkeiten
→ Eventuell Angebote und Schnäppchen, die auf dem üblichen Bestellweg nicht zu haben sind
→ Grußkarten mit Unternehmenslogo und produktspezifischen Abbildungen
→ Routenplaner zu Unternehmensstandorten und Filialen
→ Branchenspezifische Aktienkurse

Neben dem Zusatznutzen gibt es weitere Erfordernisse an eine wirkungsvolle Internetseite, die von der Funktionalität über angemessene Antworten bis zur Einbindung in die Geschäftsprozesse reichen. Zu dem umfangreichen Thema sind im Folgenden die wesentlichsten Punkte als Übersicht zusammengestellt. Diese sollten Sie beachten, wenn Ihre Homepage sowohl für Ihre Neukunden als auch für Ihre Stammkunden von Interesse sein soll.

So binden Internetseiten Kunden

Hauptgrundsatz	Konkreten Zusatznutzen bieten
Schnell antworten	Alle Kundenanfragen möglichst innerhalb von 48 Stunden beantworten. Geht das nicht, per Mail die Verzögerung begründen.
Abgestimmtes Geschäftsverhalten	Online- und Offlineaktivitäten genauestens aufeinander abstimmen. Wenn der Servicemitarbeiter vor Ort von dem aktuellen Angebot im Netz nichts weiß oder die im Internet angebotene schnelle Lieferung sich verzögert, weil der Vertrieb nicht über die notwendigen Kapazitäten verfügt, sind Kunden verständlicherweise irritiert.
Verbreitete Technik nutzen	Wenn alle technischen Möglichkeiten ausgereizt werden sollen (Webcam, Sound, Grafik), ist zu bedenken, dass viele Kunden nicht über die neueste Technik verfügen. Man sollte also darauf achten, die Seiten so zu gestalten, dass sie auch mit älterer Technik noch nutzbar sind.
Aktuell sein	Darauf achten, die Seiten regelmäßig zu aktualisieren. Wenn für Zeitungen gilt: „Nichts ist so uninteressant wie die Meldung von gestern", gilt dies für Internetseiten ebenso. Nichts wirkt abschreckender als eine Homepage mit Terminen des vergangenen Jahres.
Bedienkomfort/ Usability	Den Kunden das Navigieren auf Ihren Seiten so leicht wie möglich machen. Der Nutzer sollte während des Surfens eine Übersicht über das Gesamtangebot im Blick halten. Unbedingt zu vermeiden sind lange Ladezeiten. Denken Sie daran: Die Konkurrenz ist immer nur einen Klick weit entfernt.

Newsletter zur Kundenbindung und Kundeninformation

Durch einen Newsletter per E-Mail bleiben Sie günstig und schnell in Kontakt mit Ihren Kunden. Das gilt für fast alle Branchen und Geschäftsformen. Beispielsweise wird ein Blumengeschäft nur mit Laufkundschaft natürlich keine Newsletter versenden (können), aber wenn es Stammkundschaft und einen Lieferservice hat, bietet sich das Medium Newsletter auch hier an. Kunden lassen sich regelmäßig anmailen und, wer keine E-Mail-Adresse hat, erhält einen Brief. Damit bleibt das Geschäft in Erinnerung und die Kunden profitieren von praktischen Tipps rund um das Thema Blumen und Garten, die als Zusatznutzen infrage kommen. Ein Blumengeschäft ist auch ein dankbares Beispiel dafür, Tipps an saisonale Anlässe zu binden.

Doch gerade weil die Versendung von Newslettern bedeutend schneller und einfacher geschehen kann als die von gedruckten Informationen und Broschüren, werden hier viele Fehler gemacht.

Einige grundlegende Hinweise:

→ Achten Sie auf die Größe von Anhängen. Am besten senden Sie eine E-Mail ohne Anhang. Das bedeutet aber nicht, auf Gestaltung zu verzichten und keine Bilder zu integrieren!

→ Bieten Sie zu Beginn eine Themenübersicht zur schnellen Information.

→ Der Newsletter sollte eine Möglichkeit beinhalten, ihn einfach abzubestellen.

→ Achten Sie darauf, nicht mit Massen-E-Mails (Spam) in Verbindung gebracht zu werden.

2.2 Kommunikationsbereich Telefon

Das Telefon ist sicherlich eines der meistgenutzten Instrumente, um mit Kunden Kontakt aufzunehmen. Mit einigen wenigen Ideen können Sie hier im Bereich Kundenbindung einiges bewegen. Im Gegensatz zu Direkt-Mailings, E-Mails oder Broschüren lässt sich am Telefon ein direkter Dialog herstellen.

Es lassen sich grob zwei Formen unterschiedlicher Telefongespräche unterscheiden: eingehende Gespräche (inbound) und ausgehende Gespräche (outbound).

2.2.1 Inbound: Ihre Meldung am Telefon

Achten Sie darauf, dass Sie sich im Unternehmen einheitlich melden. Dies stellt eine Erleichterung für Ihre Kunden dar: Sie wissen sofort Bescheid. Und: Ihr Unternehmen wird wiedererkannt. Was für Broschüren gilt (Corporate Design), gilt auch für die Meldung am Telefon: Wiedererkennbar sollte sie sein.

Dieses Szenario darf keinesfalls sein: Jeder im Unternehmen meldet sich anders. Der eine mit *„Ja!"*, die andere mit *„Frau Müller, Firma Maier, was kann ich für Sie tun?"* und der Dritte mit *„Maier, Schmitz!"*. Die Folge: Die Kunden sind irritiert und fragen sehr oft nochmals nach. Eigentlich unnötig.

Bieten Sie Ihren Kunden schon mit dem ersten Satz etwas, womit sie rechnen können: einen serviceorientierten, verlässlichen Partner. Hier zwei Möglichkeiten, die Ihre Kunden schnell ins richtige Bild setzen:

→ Unternehmen – Name – Begrüßung
  z. B. S*chreinerei im Stühlinger, Detlef Pieper, Guten Tag!*
→ Begrüßung – Unternehmen – Name
  z. B. G*uten Tag, Blumeninsel Freiburg, mein Name ist Yilmaz!*

→ Entscheidend ist eine einheitliche Meldung.

Hüten Sie sich vor langatmigen Meldefloskeln, die nicht zu Ihrem Unternehmen passen!

2.2.2 Outbound: Aktive Telefonate zur Kundenbindung

Durch Telefonate können Sie auf schnelle und kostengünstige Art Kontakt zu Ihren Kunden halten.

→ Aktualisierung und Überprüfung des Datenbestands: Diese Tätigkeit kann auch von Aushilfen übernommen werden. Entscheidend ist hier die Freundlichkeit, nicht das Fachwissen. Der Kunde soll spüren, dass Sie sich um ihn kümmern.
→ Nachfassen von Angeboten: Viele Unternehmen lassen es zu, dass Kunden zu Mitbewerbern abwandern. Weshalb? Weil nach einer Angebotsabgabe kein Nachfasstelefonat folgt. Achten Sie darauf, dass Sie Ihren Kunden mit Ihrem Angebot nicht allein lassen. Rufen Sie an! Fragen Sie nach, wie ihm Ihr Angebot zusagt. Nur so können Sie herausfinden, wie Sie den Kunden (wieder-)gewinnen.

→ **Verkauf und Zusatzverkauf:** Rufen Sie Ihre Kunden regelmäßig an, um abzuklären, wie zufrieden sie mit der bisherigen Zusammenarbeit sind und was Ihr Unternehmen im Moment tun kann. Fragen Sie besonders danach, wann voraussichtlich eine Zusammenarbeit wieder aktuell werden kann, und vermerken Sie diese Informationen in Ihrer Datenbank. So können Sie zum passenden Zeitpunkt wieder anrufen und haben sogar noch einen guten Einstieg: *„Herr Müller, Sie hatten in unserem letzten Telefonat gesagt …"*

Für funktionierenden Outbound ist eine aktuelle und gut gepflegte Kundendatenbank wichtig. Ruhige Zeiten, in denen eher wenig bestellt wird (je nach Branche z. B. die Sommermonate), eignen sich, die Daten auf Stand zu bringen. Zugleich ist die Stammmannschaft dann auch am Telefon beschäftigt und ausgelastet. Die Kundendaten werden überprüft und geänderte Ansprechpartner und E-Mail-Adressen eingetragen. Dadurch ist die Datenbank immer auf dem aktuellem Stand und durch diese gezielte Aktion wird gleichzeitig die Firma bei den Kunden wieder in Erinnerung gebracht. Meist haben diese dann sogar noch etwas Zeit, ihre Wünsche, mögliche Sorgen und Hoffnungen zu äußern und so Impulse zu geben.

Um das Telefon als Instrument der Kundenbindung nutzen zu können, sollten Sie einige Grundregeln erfolgreichen Telefonierens beachten:

→ Überlegen Sie sich vor dem Telefonat genau, was Sie mit diesem Anruf erreichen möchten.

→ Stellen Sie sich laut und deutlich am Telefon vor. Viele Kunden rechnen nicht mit Ihrem Anruf.
Fragen Sie daher *„Passt es im Moment?"* und geben Sie Ihrem Kunden damit Gelegenheit, sich auf Sie einzustellen.
Sollte Ihr Anruf unpassend kommen, vereinbaren Sie einen späteren Termin.

→ Wählen Sie nach der Begrüßung einen positiven Einstieg. Beispielsweise: *„Herr Reinecke, Sie sind ja bereits seit drei Jahren guter Kunde bei uns. Mein heutiger Anruf hat einen ganz besonderen Grund …"*

→ Halten Sie nach jedem Telefonat die Ergebnisse und einen Termin für den nächsten Anruf in einem Kontaktbericht fest.

Nutzen Sie CRM-Unterstützung am Telefon

Eine CRM-Software kann Sie bei Ihren Telefonaten unterstützen (CRM = Customer Relationship Management):

→ Zusammenstellung von Anruflisten im Outbound
→ Automatische Anwahl aus der Datenbank heraus
→ Strukturierte Erfassung der Kundenwünsche und Gesprächsergebnisse
→ Wiedervorlagemanagement

Servicenummern

Sie möchten es Ihren Kunden so einfach wie möglich machen, mit Ihnen Kontakt aufzunehmen? Nutzen Sie zwei einfache Möglichkeiten: Servicenummern und Vanity-Nummern.

→ Servicenummer: Was früher eine Seltenheit war, ist mittlerweile weit verbreitet. Viele Unternehmen bieten ihren Kunden den Service einer kostenlosen 0800er-Nummer. Damit fällt es vielen Kunden noch leichter, Kontakt mit dem jeweiligen Unternehmen aufzunehmen.
→ Vanity-Nummer: Immer beliebter werden auch so genannte Vanity-Nummern. Hierbei werden die einzelnen Ziffern der Rufnummer durch einen Buchstaben ersetzt, sodass Namen oder Begriffe an die Stelle der Zahlenkombination treten. So erleichtern Sie es Ihren Kunden, Ihre Nummer zu wählen. In manchen Unternehmen wird die Gratis-Vanity-Nummer exklusiv nur bestehenden Kunden mitgeteilt. So haben Sie kaum „ungebetene" Anrufer.

2.3 Face-to-Face-Kommunikation

Die direkteste Art, Kundenbindung zu betreiben, besteht von Angesicht zu Angesicht mit Ihren Kunden. Gerade im persönlichen Gespräch können Sie echten Kontakt zu Ihren Kunden herstellen. Achten Sie jedoch darauf, auch hier Fettnäpfchen zu vermeiden und das Gespräch so optimal wie möglich zu gestalten. Denn schließlich soll ja Ihr Kunde gerne mit Ihnen reden und sich schon auf das nächste Gespräch mit Ihnen freuen.

Die KISS-Formel (Keep it simple and stupid) mag für die Werbung interessant sein, im Alltag ist im Sinne der Kundenbindung ein partnerschaftliches Vorgehen sinnvoller als ein schnelles Geschäft.

→ Ihr Kunde möchte selbst entscheiden. Machen Sie Vorschläge, raten Sie ihm zu einem Kauf, aber setzen Sie ihn nicht unter Druck. Hardselling und Verkaufskanonen sind „mega-out"!

2.3.1 Aktiver Beziehungsaufbau schon beim Erstkontakt

Eine Beziehung entsteht beim ersten Kontakt. Was Sie im ersten Gespräch nicht erfahren, werden Sie möglicherweise nie erfahren. Manche Fragen können Sie nicht nachholen.

→ Bauen Sie sofort eine Beziehung auf und behandeln Sie jeden Kunden so, als ob er bereits ein Stammkunde wäre.

Warten Sie nicht darauf, bis sich – gewissermaßen von selbst – eine Beziehung entwickelt und sich die Bindung mit der Zeit festigt, sondern werden Sie selbst aktiv. Versuchen Sie, jeden Kunden in eine Beziehung einzubinden! Auch wenn es ein Zufallskunde ist. Überlegen Sie nicht erst beim fünften Mal, welche Vorlieben Ihr Kunde hat und weshalb er gekauft oder nicht gekauft hat. Warten Sie nicht darauf, dass der Kunde wiederkommt und sich damit die Beziehung festigt.

Beispiel: Verkauf im Fachgeschäft

Jeder Berater in einem Sportgeschäft weiß: Wenn er den Kunden binden möchte, kann er nicht erst warten, bis sich eine Beziehung entwickelt, sondern er muss selbst in die Beziehung investieren.

Er wartet nicht, bis der Kunde ein Stammkunde geworden ist, sondern macht sofort ein Beziehungsangebot: Informationen zu Lauftreffs, das Sonntagsjoggen und die Vorträge im Sporthaus. Er gibt Informationen und bietet Kontaktmöglichkeiten.

Einerlei, ob der Kunde kauft oder nicht: Klar ist, dass der Berater ein Angebot gemacht hat. Ob der Kunde dieses Angebot annimmt, bleibt ihm selbst überlassen.

Informationen, die man gleich beim ersten Gespräch erfragen kann:
→ Worauf legen Sie besonderen Wert?
→ Möchten Sie über Neuerungen auf dem Laufenden gehalten werden?
→ Welche Erfahrungen haben Sie bisher mit ähnlichen Produkten oder Dienstleistungen gemacht?
→ Wie sind Sie auf uns gekommen?

2.3.2 Auge in Auge – Das Kundengespräch

Der Name – Ihr Schlüssel zum Kunden

Wenn Sie sich an die Namen Ihrer Kunden erinnern und diese auch mit Namen ansprechen, dokumentieren Sie damit auch nach außen, dass Sie diese wertschätzen und an einer längerfristigen Beziehung interessiert sind.

Unser Name ist eines der positivsten Worte, die wir kennen. Wie wichtig wir den eigenen Namen nehmen, wird uns bewusst, wenn wir uns über unseren falsch geschriebenen oder ausgesprochenen Namen ärgern. Wir alle empfinden es als sehr angenehm, persönlich angesprochen zu werden. Nicht nur bei der Begrüßung und bei der Verabschiedung, sondern auch im Verlauf des Gesprächs. Dies gibt uns das Gefühl, geschätzt zu werden und wichtig zu sein.

Viele Verkäufer im Einzelhandel werfen einen kurzen Blick auf die Scheck- oder Kreditkarte. Anschließend lässt sich der Kunde direkt mit Namen ansprechen. Bei Telefonaten ist es sinnvoll, sofort den Namen zu notieren, und bei Verkaufsgesprächen bietet es sich an, den Namen deutlich auf dem Notizblock zu notieren. So sorgen Sie für ein positives Gesprächsklima.

Nutzen Sie jede Gelegenheit, zu überprüfen, ob Sie den Namen des Kunden richtig aussprechen oder ob der Name des Kunden richtig geschrieben ist. Sollte der Name in der Datenbank falsch eingetragen sein, sorgen Sie dafür, dass dieser auch in allen ausgestellten Dokumenten geändert wird, die als Vorlage dienen könnten. So stellen Sie sicher, dass Tippfehler sich nicht „durchschleppen".

➜ Gewöhnen Sie sich an, die Namen Ihrer Gesprächspartner sofort zu wiederholen. So behalten Sie die Namen besser in Erinnerung und sorgen gleichzeitig für eine positive Atmosphäre.

Wenn Sie sich schwer damit tun, sich Namen zu merken, dann helfen oft Eselsbrücken. Überlegen Sie sich ein Bild zum Namen Ihrer Stammkunden. Beispiel: Stellen Sie sich Herrn Müller vor, wie er Getreidesäcke schleppt. Denken Sie bei Herrn Bauer daran, wie er mit dem Trecker unterwegs ist. Frau Winter setzen Sie in den Schnee.

Schwieriger wird es bei zusammengesetzten Namen: Herrn Wald-stein legen Sie in Ihrer Vorstellung in die eine Hand einige Bäume, in die andere einen Stein. Paradox, aber wirksam: Je unsinniger das Bild, desto besser prägt sich der Name ein. Diese Techniken stammen aus dem Gedächtnistraining und es kann lohnen, sich damit näher und systematisch zu befassen.

Aber was nützt es, sich die Namen zu merken, wenn Sie diese nicht den jeweiligen Gesichtern zuordnen können? Achten Sie einfach auf Besonderheiten im Gesicht. Dort gibt es viel zu entdecken: markante Falten, abstehende Ohren, Runzeln, buschige Augenbrauen und vieles mehr. Schlagen Sie jetzt einfach eine Brücke zwischen Gesicht und dem Bild, das Sie sich ausgedacht haben: Herr Waldstein hat jetzt nicht nur Bäume und Steine in der Hand, sondern klopft sich mit dem Stein immer wieder seinen markanten Schneidezahn krumm. Sie werden überrascht sein, wie schnell Ihnen plötzlich Namen einfallen.

Fragen sind Garanten erfolgreicher Gespräche

Im Verkaufsgespräch wie auch in einer erfolgreichen Kundenbeziehung gilt: Ihren Kunden die richtigen Fragen zu stellen ist entscheidend. Mithilfe von Fragen navigieren Sie durch das Gespräch, zeigen Interesse und nur durch Fragen erfahren Sie, was Ihr Kunde von Ihnen erwartet.

Die folgende Fragearten lassen sich zu unterschiedlichen Zwecken einsetzen.

Offene Fragen bringen viel Information

Offene Fragen (oder noch einfacher: W-Fragen) werden meist ausführlicher beantwortet. Ihr Kunde redet also. Vielfach über sich, seine Bedürfnisse und seine Wünsche. In Kundengesprächen ist diese Frageart daher die erste Wahl!

→ Wie sind Sie mit dem Wagen zufrieden?
→ Was erwarten Sie von einer Managementsoftware?
→ Was würden Sie an unserer Stelle tun?
→ Wo genau liegt Ihr Problem?
→ Was können wir sonst noch für Sie tun?
→ Was können wir noch verbessern?

Geschlossene Fragen bringen die Dinge auf den Punkt

Auf geschlossene Fragen ist die Antwort meist kurz und knapp. Sie eignen sich daher dazu, Sachverhalte zu bestätigen oder Entscheidungen einzuleiten.

→ Nehmen Sie auch am Training teil?
→ Sind Sie für den Einkauf zuständig?
→ Ist das so in Ordnung für Sie?

Vorsicht: Wenn geschlossene Fragen unsensibel oder zu früh eingesetzt werden, können sie ein Gespräch ins Stocken bringen oder gar abwürgen.

Alternativfragen erleichtern Entscheidungen

Durch Alternativfragen erleichtern Sie Ihren Kunden Entscheidungen zu treffen, indem Sie ihnen Wahlmöglichkeiten anbieten.

→ Möchten Sie unsere Kundenzeitschrift per Post oder lieber direkt per E-Mail?
→ Sollen wir vor oder nach der Sommerpause nochmals telefonieren?
→ Werden Sie zu unserem Event allein kommen oder möchten Sie noch jemanden mitbringen?

Suggestivfragen lenken den Gesprächspartner

Im Rahmen einer partnerschaftlichen Kundenbeziehung sollten Suggestivfragen nur sparsam verwendet werden, da sie den Gesprächspartner unter Druck setzen können.

→ Meinen Sie nicht auch, dass ...
→ Sicher stimmen Sie mir zu, wenn ...

Smalltalk als Türöffner

Ein interessantes Gespräch ist eine der schönsten Möglichkeiten, mit Kunden in Kontakt zu bleiben. Egal ob Warming-up zu Beginn eines geschäftlichen Termins oder einfach bei Zufallsbegegnungen in der Stadt oder bei gesellschaftlichen Anlässen: Smalltalk hilft Ihnen, ein Gespräch zu beginnen, ohne den anderen in eine Ecke zu drängen. Mit jedem Smalltalk lernen Sie Ihren Gesprächspartner etwas näher kennen und bereiten so den Boden für wichtige Gespräche und Verhandlungen. Es lohnt sich, sich auch zum Smalltalk Notizen zu machen, um in späteren Gesprächen an Informationen und Themen anknüpfen zu können.

Grundregeln des Smalltalks

→ Vermeiden Sie Tabuthemen wie Religion, Politik, Geld, Krankheit etc., besonders wenn Sie Ihren Gesprächspartner noch nicht gut kennen. Aufhänger, die Ihnen helfen, ein Gespräch zu beginnen, sind:

- Aktuelle Ereignisse, die allgemeine Situation: Sprechen Sie über das Hier und Jetzt. Über das Wetter, die Musik, das Essen, den Gastgeber ...
- Ihr Gesprächspartner: Sprechen Sie über Ihren Kunden. Über seine Krawatte, seine gute Laune, die braun gebrannte Haut, den Bericht in der Zeitung ...
- Sie selbst: Sprechen Sie über sich selbst. Dies können besondere Erlebnisse aus der letzten Zeit sein, es kann die Anfahrt zum Kunden betreffen, Anekdoten, die auf die Situation passen, etc.

→ Achten Sie darauf, dass Sie etwas Nettes und Unterhaltendes sagen. Kritik oder lautstarke Meinungsäußerungen haben hier nichts verloren.

→ Achten Sie auf einen passenden Gesichtsausdruck. Sie alle kennen die unangenehme Situation, bei der Ihr Gesprächspartner sagt: *„Wie interessant!"*, und durch seinen gelangweilten Gesichtsausdruck deutlich macht, dass er offensichtlich nicht das geringste Interesse an Ihren Äußerungen hat.

→ Ein Smalltalk sollte nicht ausufern. Er ist eine kurze Begegnung, ein flüchtiges Treffen, aus dem mehr werden kann, aber nicht muss.

Das Dankeschön im Kundengespräch

Manche Mitarbeiter würden sich lieber die Zunge abbeißen, als sich beim Kunden zu bedanken. Doch ein „Dankeschön" ist eines der wirksamsten Möglichkeiten, Kunden zu binden. Ein Dankeschön kann direkt am Telefon erfolgen oder auch im Nachgang zu einer Rückmeldung, Referenz oder Reklamation.

Überlegen Sie, welche Möglichkeiten es gibt, sich zu bedanken:

→ Danke, dass Sie uns jetzt schon das dritte Mal beauftragen.

→ Danke, dass Sie uns weiterempfohlen haben.

→ Danke, dass Sie uns als einer der ersten Kunden in diesem Jahr beauftragen.

Sogar bei verärgerten Kunden ist ein „Danke" angebracht. Hier können Sie viel bewirken, indem Sie auch erbosten Kunden Wertschätzung entgegenbringen.

→ Danke, dass Sie gleich Bescheid gegeben haben.
→ Danke dafür, dass Sie uns solch eine offene und ehrliche Rückmeldung gegeben haben.
→ Gut, dass Sie so aufmerksam waren. Vielen Dank!

Eng verwandt mit einem Dankeschön ist ein Minilob. Ein Minilob zu geben bedeutet nicht, jemandem Honig ums Maul zu schmieren, sondern ernsthaft Anerkennung zu zollen. Es signalisiert eine Wertschätzung der anderen Person gegenüber. Es ist ein Geschenk. Viele Kunden stellen nur deshalb „unnötige" Fragen, um von Ihnen gelobt und anerkannt zu werden.

Da kommt etwa ein Kunde und sagt: *„Sie haben doch für die Firma Maier die Einrichtung gemacht!"* Nun könnten Sie mit einem einfachen *„Ja"* antworten. Lautet Ihre Antwort dagegen: *„Ja richtig, stimmt genau!"*, bestätigen Sie Ihren Kunden nicht nur, sondern schaffen zugleich eine positive Atmosphäre. Nutzen Sie die vielfältigen Chancen, an Ihre Kunden Anerkennung zu verteilen! Freundlichkeit wirkt anziehend. Und schließlich möchten Sie ja, dass Ihre Kunden wiederkommen.

Einige Beispiele für Minilobs: *Richtig!; Ja, genau!; Toll!; Guter Vorschlag!; Eine interessante Frage!; Sie haben den Nagel auf den Kopf getroffen!; Wunderbar!; Das ist ein wesentlicher Punkt!; Eine ausgezeichnete Idee!; Sie haben recht!; Prima!*

Empfehlungsfragen im Gespräch

Wir alle kennen Menschen, die wiederum andere Menschen kennen. Empfehlungsmarketing bezieht sich auf Kundengewinnung innerhalb dieses Beziehungsnetzwerks. Nutzen Sie diese Möglichkeit und fragen Sie Ihren Gesprächspartner ganz gezielt nach einer Weiterempfehlung oder weisen Sie diesen zumindest darauf hin, dass Sie sich über eine Weiterempfehlung freuen.

→ Die einfachste Möglichkeit, an Neukunden zu kommen, besteht darin, Ihren Gesprächspartner danach zu fragen. ·

Neukunden können auch andere Abteilungen in größeren Unternehmen sein. Fragen Sie gezielt nach, wenn Sie einen begeisterten Kunden vor sich haben!

Eine einfache Methode ist der Empfehlungs-Dreischritt. Ausgangspunkt ist eine positive Anmerkung Ihres Kunden. Im ersten Satz greifen Sie diesen positiven Punkt auf und stellen ihn explizit heraus. Im zweiten Satz erwähnen Sie, dass Sie sich – ganz allgemein – über Weiterempfehlungen freuen. Hier sprechen Sie den Kunden noch nicht direkt an, sondern bleiben bewusst sehr allgemein. Im dritten Satz schließlich beziehen Sie sich konkret auf den Kunden und teilen diesem mit, dass Sie sich natürlich auch über seine Weiterempfehlung freuen.

Kunde: *Mit der schnellen Lieferung damals war ich sehr zufrieden!*

Sie: *Ja genau, unser Ziel ist es auch, Ihnen einen perfekten Service zu bieten. (1)*

Wir freuen uns, wenn sich das herumspricht. (2)

Welcher Abteilung in Ihrem Unternehmen könnten Sie diesen Lieferweg noch empfehlen? (3)

Neben der Aussicht auf potenzielle neue Kunden bringt die Empfehlung auch eine höhere Kundenbindung: Kunden, die eine Empfehlung abgegeben haben, identifizieren sich stärker mit dem Unternehmen. Denn welcher Kunde empfiehlt ein Unternehmen weiter und wendet sich dann einem Mitbewerber zu?

Visitenkarten – Bleiben Sie präsent

Visitenkarten sind etwas sehr Persönliches. Wenn Sie jemandem eine Visitenkarte überreichen, dann signalisieren Sie, dass Sie offen sind für einen weiteren Kontakt, dass Sie gerne eine Beziehung zum Gesprächspartner aufbauen möchten. Wenn Sie eine Visitenkarte überreichen, werden Sie meist feststellen, dass Sie ebenfalls eine Visitenkarte zurückbekommen. So haben Sie schnell den korrekten Namen, die Telefonnummer und E-Mail-Adresse für Ihre Kundendatenbank zur Hand.

Visitenkarten können Sie für drei verschiedene Anlässe nutzen:

→ Bei der Vorstellung: So erleichtern Sie es Ihrem Gesprächspartner, Ihren Namen zu behalten.

→ Am Ende des Gesprächs: So können Sie auf einfache Art Ihrem Gesprächspartner Ihre Telefonnummer und Adresse mitteilen.

→ Während des Gesprächs oder außerhalb eines Gesprächs zum Notieren von Mitteilungen: Um hierfür Ihre Visitenkarte auch nutzen zu können, sollten Sie von Plastikkarten oder dunkel gefärbtem Karton absehen, da es hier schwierig ist, mit einem normalen Stift Notizen zu machen.

Selbstverständlich sind Visitenkarten nicht nur für den Außendienst geeignet, sondern ebenso auch für den Einzelhandel und andere Branchen. Eine Verkäuferin im Modegeschäft kann am Ende des Beratungsgesprächs eine persönliche Visitenkarte überreichen und darauf hinweisen, dass sie bei Fragen jederzeit zur Verfügung steht. So bleibt sie in positiver Erinnerung und hebt sich und das Unternehmen von Mitbewerbern ab.

Beispiel: Visitenkarte im Handwerk

Wer als Handwerker pünktlich vor Ort ist (gegen das berühmte Vorurteil!) und gleich am Anfang eine Visitenkarte überreicht, überrascht seine Auftraggeber angenehm. Mithilfe der Visitenkarte ist der Handwerker bei Fragen und Problemen jederzeit erreichbar. Und der Kunde wirft sie in der Regel nicht weg. Sondern er verwahrt sie, erinnert sich beim nächsten Bedarf daran und nutzt sie.

Visitenkarten sind viel persönlicher als ein Flyer oder eine Broschüre. Sie werden deshalb viel seltener direkt weggeworfen. Achten Sie daher darauf, dass Sie zusätzlich zu Unterlagen und Informationen immer auch Visitenkarten verteilen – so bleiben Sie besser in Erinnerung.

2.3.3 Der Auftritt

Kleider machen Leute

Der lose Knopf, die fleckige Krawatte, die schiefen Absätze. Einmalkunden sehen Mitarbeitern Ihres Unternehmens einiges nach. Sobald jedoch ersichtlich ist, dass die unsaubere Kleidung einer Person die Regel darstellt, werden Kunden abgeschreckt. Schlechte Kleidung dokumentiert eine Missachtung des Kunden und stellt somit eine sehr negative Beziehungsaussage dar, die verhindert, dass sich die Beziehung festigt. Besonders in hygienesensitiven Servicebereichen (Lebensmittel, Pflege etc.) ist peinlich saubere Kleidung ein Muss.

Da Sie nicht wirklich wissen können, auf was Ihr Kunde „allergisch" reagiert, ist es sinnvoll, sich seiner Kleidung und seines Stils so bewusst wie möglich zu sein.

Signale der Körpersprache

Werden Sie sich auch Ihrer Körpersprache bewusst. Durch eine angenehme und offene Körpersprache machen Sie es Ihren Kunden einfach, wiederzukommen. Die Körpersprache kann sich ganz unterschiedlich auswirken und wirkt oftmals unbewusst auf den Gesprächspartner.

Lächeln

Ein altes Sprichwort lautet *„Wer nicht lächeln kann, sollte keinen Laden eröffnen"*. In abgewandelter Form heißt dies: Jeder Mitarbeiter mit Kundenkontakt sollte imstande sein, seinem Gegenüber ein Lächeln zu schenken. Seien Sie sich bewusst: Sie halten mit Ihrem Gesicht dem anderen einen Spiegel vor und signalisieren, was Sie von seinen Aussagen oder seinem Auftreten halten. Ein Lächeln kann eine angespannte Atmosphäre entspannen und versöhnlich wirken.

Blickkontakt

Achten Sie darauf, den anderen nicht anzustarren. Viele Menschen sind nicht imstande, dem anderen länger in die Augen zu sehen. Zwingen Sie diese nicht dazu, indem Sie zu intensiven Blickkontakt halten.

Distanz

Oftmals reagieren wir instinktiv mit Flucht, wenn uns der andere zu nahe kommt. Zu nahe kommen Verkäufer ihrem Gesprächspartner, wenn sie ungefragt den Aktenkoffer auf den Tisch stellen, Prospekte auf dem Schreibtisch des Gesprächspartners ausbreiten oder gar dem anderen unangebracht auf die Schulter klopfen. Achten Sie darauf, dem Gesprächspartner Raum zu geben – er wird von selbst auf Sie zukommen, sollten Ihre Argumente überzeugend sein.

Gestik

Die oft nur unterbewusst wahrgenommenen körpersprachlichen Signale unseres Gegenübers beeinflussen unsere Wahrnehmung positiv oder negativ. Zeigen Sie eine offene Gestik und signalisieren Sie Ihrem Gesprächspartner damit Offenheit.

Kindern wird oft gesagt, sie sollten nicht mit dem Finger auf andere Menschen zeigen. Für Erwachsene gilt dies auch für den Schreibstift. Gewöhnen Sie es sich an, darauf zu achten, was Sie mit Ihrem Schreibstift machen.

Beobachten Sie selbst: Was fällt Ihnen persönlich bei Unterhaltungen mit Gesprächspartnern positiv oder negativ auf. Erkennen Sie bei sich ähnliche Verhaltensweisen, versuchen Sie, diese abzustellen.

2.4 Kommunikationsbereich Öffentlichkeitsarbeit

Neben der Möglichkeit, direkt mit seinen Kunden Kontakt aufzunehmen, kann man auch indirekt auf seine Kunden einwirken. Kundenentscheidungen lassen sich durch gezielte Öffentlichkeitsarbeit und Public Relations beeinflussen. Sorgen Sie dafür, dass Sie positiv im Gespräch sind und dass über Sie geredet wird. Die drei folgenden Abschnitte stellen typische und wichtige PR-Maßnahmen vor.

2.4.1 Einen Kundenbeirat bilden

Der Zweck eines Kundenbeirats besteht darin, zwischen dem Unternehmer und einer Gruppe ausgewählter Kunden einen ständigen Dialog aufrechtzuerhalten. Der Kundenbeirat wird vom Unternehmen eingeladen, um die Produkte oder Dienstleistungen kritisch zu kommentieren. Einerseits erfährt so das Unternehmen auf schnelle und kostengünstige Art von Verbesserungsmöglichkeiten und andererseits bietet ein Kundenbeirat eine hervorragende Möglichkeit, Kunden an sich zu binden und für Mundpropaganda zu sorgen.

Wichtig ist der rechtzeitige Wechsel der Mitglieder, denn so sorgen Sie dafür, dass immer wieder neue Sichtweisen eingebracht werden. Üblicherweise gehören Kunden einem Kundenbeirat zwischen sechs Monaten und drei Jahren an.

Oftmals werden Sitzungen des Kundenbeirats von einem neutralen Moderator geleitet. Wichtig sind regelmäßige Treffen und ein angemessenes Budget für Reisen und Spesen der Mitglieder.

Fallstory Kundenbeirat im Supermarkt

Herr Meier ist Rentner und seit zwei Monaten Mitglied im Kundenbeirat seines Supermarkts. Schon dreimal hat sich die Gruppe für einige Stunden getroffen und über Verbesserungsmöglichkeiten diskutiert.

Einerseits macht es Herrn Meier Spaß, sich zu engagieren und besonders auf die Schwierigkeiten älterer Menschen hinzuweisen, andererseits freut er sich, als Kundenbeirat ein kleines Taschengeld für seine Mühe zu bekommen. Er ist positiv überrascht, wie viele der Verbesserungsvorschläge schon umgesetzt wurden: die größere Beschriftung im Eingangsbereich, die Infotheke und noch vieles mehr.

Natürlich fühlt sich Herr Meier jetzt mit „seinem" Unternehmen besonders verbunden und prüft bei jedem Einkauf, was noch optimiert werden kann.

In großen Unternehmen wird der Kundenbeirat per Satzung eingebunden und hat eine Funktion bei der strategischen Umsetzung der Unternehmensziele.

Beispiel: Auszug aus der Satzung eines Kundenbeirats

§1 Aufgaben:

Der Kundenbeirat der STRATO AG vertritt die Interessen der Kunden und berät den Vorstand der STRATO AG. Durch die Arbeit des Kundenbeirates wird die Serviceorientierung der STRATO AG wesentlich gestärkt und ein weiterer Ausbau der Marktposition von STRATO unterstützt.

Wie das Beispiel des Supermarkts schon zeigt, ist ein Kundenbeirat jedoch nicht nur für Großunternehmen geeignet, sondern auch für kleinere Betriebe. Ein Kundenbeirat braucht auch nichts Hochoffizielles zu sein, denn oftmals genügt es, einige Stammkunden regelmäßig für ein paar Stunden zu sprechen.

Auch dazu eine Fallstory, die dazu anzuregen soll, eine zum Unternehmen passende Idee für die Einbindung von Kunden kreativ zu entwickeln.

Fallstory Kundenbeirat in der Metzgerei

Metzger Fuchs hat seit kurzem einen Kundenbeirat. Natürlich würde er das Gremium nie so nennen. Seine Bezeichnung lautet: Stammkundentreff. Im Verkaufsraum hatte er einen Aushang gemacht und einzelne Kundinnen darauf angesprochen. Tatsächlich hatten sich sechs Personen gefunden. Jetzt treffen sie sich einmal im Monat, um in geselliger Runde zwei Stunden lang Verbesserungsideen einzubringen, neue Wurstsorten zu testen und sich einfach nur auszutauschen.

Herr Fuchs achtet besonders darauf, dem ganzen Treffen auch einen organisatorischen Rahmen zu geben: Es dauert immer exakt zwei Stunden.

2.4.2 Meinungsbildner beeinflussen

Viele Kunden lassen sich stark durch Meinungsbildner beeinflussen. Entscheiden sich diese für ein bestimmtes Unternehmen oder bevorzugen diese ein bestimmtes Produkt, dann werden sich schnell auch Nachahmer finden, die sich an deren Entscheidungen orientieren. Vor allem für Betreiber von Bars, Diskos und Lounges sowie Anbieter, die von bestimmten Trends abhängen, ist dies eine Binsenweisheit. Dort kann es für ein Geschäft geradezu tödlich sein, wenn Meinungsführer sich für einen Mitbewerber entscheiden. Wenn die Meinungsbildner in einen anderen Club gehen, bleibt plötzlich auch ein Teil der Kundschaft aus.

Diesem Schwund lässt sich natürlich begegnen: da wird eine Club-Card ausgegeben, erhalten ausgewählte VIP-Kunden besondere Einladungen und so weiter und so fort. Es ist tatsächlich eine einfache und günstige Methode, um ganze Kundengruppen anzugehen. Binden werden Sie die einzelnen Kunden jedoch nicht, daher laufen Sie Gefahr, durch den Verlust eines Meinungsführers ganze Teile der Kundschaft zu verlieren.

> **→ Reflexionsaufgabe**
>
> → *Wer ist ein Meinungsbildner für Ihr Unternehmen?*
> → *Wen sollten Sie vordringlich als Kunden gewinnen?*
> → *Das Erfolgsrezept einiger Unternehmen bestand darin, dass sie ihre Produkte an Meinungsbildner verschenkt haben. Was können Sie daraus lernen?*

→ Vieles wird einfacher, wenn Sie einige wenige Meinungsführer gewonnen haben. Finden Sie heraus, wer für Ihr Unternehmen ein solcher Meinungsführer oder Meinungsbildner ist!

Meinungsbildend können neben konkreten Personen natürlich auch Medien wirken. Haben Sie Kontakte zu einer regionalen Zeitung oder einem Regionalsender? Wenn es Ihnen gelingt, dort einen Bericht über Ihr Unternehmen zu platzieren, kann Ihnen das neue Kunden zuführen und vorhandene Kunden in ihrer Wahl bestätigen.

2.4.3 Networking und Beziehungsmanagement betreiben

Networking ist mittlerweile aus der Alltagssprache bekannt und wird alltäglich gebraucht. Im Zusammenhang mit Kundenbindung ist Networking jedoch eine methodische und systematische Art des Beziehungsaufbaus und der Beziehungspflege, die in der Absicht der gegenseitigen Förderung, des Austauschs und des persönlichen Vorteils geschieht. Es ist also Marketinginstrument.

In diesem Sinne bedeutet Networking:
→ Kontakte und Beziehungen aktiv herbeizuführen,
→ Interesse an anderen Menschen zu haben und Anteilnahme zu zeigen,
→ Gespräche mit anderen zu führen und Spaß daran zu haben,
→ Informationen über alles und jeden zu sammeln,
→ den Austausch von Hilfe und Unterstützung zu praktizieren und
→ Beziehungen zu pflegen und langfristig zu gestalten.

Bauen Sie sich ein Kontaktnetz auf, in dem alle Beteiligten voneinander profitieren. Im Rahmen eines solchen Kontaktnetzes lassen sich auch feste Kooperationen vereinbaren.

Networking ist keine Strategie, um schnell Erfolge zu erreichen. Nur wer über Kontakte langfristig Beziehungen aufbaut, wird auch davon profitieren können. Entscheidend ist, dass Sie Ihr Gegenüber nicht zu manipulieren versuchen.

2.5 Zusammenfassung

→ Achten Sie auf Ihr Corporate Design: Ein einheitlicher Unternehmensauftritt über alle Kommunikationsinstrumente hinweg ist Ihre unverwechselbare Visitenkarte.

→ Über Direkt-Mailings halten Sie Kontakt und signalisieren Ihren Kunden Interesse.

→ Personalisieren Sie Unterlagen und Geschenke und schaffen Sie so eine individuelle Beziehung.

→ Nutzen Sie das interaktive Medium Internet, um mehr über Ihre Kunden zu erfahren und in einen individuellen Dialog mit ihnen zu treten.

→ Durch einen Newsletter per E-Mail verteilen Sie günstig aktuelle Information.

→ Per Telefon lässt sich unmittelbar ein direkter Dialog herstellen.

→ Im persönlichen Gespräch können Sie einen echten Kontakt zu Ihren Kunden aufbauen.

→ Warten Sie nicht, bis im Laufe der Zeit eine Beziehung entstanden ist, sondern nutzen Sie schon den ersten Kundenkontakt, um aktiv eine Beziehung aufzubauen.

→ Der Name Ihres Kunden und ein gekonnter Smalltalk können Türöffner für eine persönliche Beziehung sein.

→ Nutzen Sie offene, geschlossene und Alternativfragen, um Kundengespräche zu steuern.

→ Lassen Sie sich von zufriedenen Kunden weiterempfehlen.

→ Achten Sie auf Ihr Auftreten und Ihre Körpersprache.

→ Betreiben Sie Öffentlichkeitsarbeit, um Meinungsbildner positiv zu beeinflussen.

→ Aufgaben

1. *Nennen Sie die vier Kommunikationsbereiche, über die Sie Kundenbindung im Unternehmen umsetzen können.*

2. *Bereich Medien: Finden Sie Beispiele, wie Sie Unterlagen oder Geschenke individualisieren können.*

3. *Bereich Telefon: Wie können Sie das Telefon zur Kundenbindung nutzen? Resümieren Sie die grundsätzlichen Kenntnisse, die Sie durch dieses Kapitel gewonnen haben, und erarbeiten Sie konkrete Ansatzpunkte für Ihre Arbeit.*

4. *Bereich persönlicher Kundenkontakt: Was sollten Sie bezüglich Ihres Auftritts beim persönlichen Kundengespräch beachten?*

5. *Notieren Sie drei Personen, die für Ihr Unternehmen Meinungsbildner sind!*

3 Menschen verstehen – Kunden verstehen: Psychologische Faktoren der Kundenbindung

Lernziele

→ Sie wissen, wie Ihre Kunden Kaufentscheidungen treffen – nämlich meist „aus dem Bauch heraus". Sie werden jedoch sensibilisiert sein, dass der eine oder andere Kunde mehr Sachinformationen möchte und ein anderer lieber stärker begeistert werden will.

→ Sie lernen, mit welchen Mitteln Sie die Erwartungen Ihrer Kunden übertreffen können, wie Sie begeisterte Kunden schaffen, die nicht nur wiederkommen, sondern auch positiv über Sie berichten.

→ Sie erfahren, wie Sie negativen Reaktionen begegnen.

Eine der interessantesten Fragen, die Ihnen als Unternehmer oder Verkäufer begegnen kann, lautet: „Warum eigentlich kaufen Kunden mein Produkt oder meine Dienstleistung?" Kunden haben oft keinen wirklichen „Bedarf", sondern ein „Bedürfnis", etwas zu kaufen. Indem Sie dieses „Bedürfnis" befriedigen, sorgen Sie dafür, dass sich Ihre Kunden wohl fühlen. Machen Sie sich mit den psychologischen Faktoren vertraut, die es Ihnen erleichtern, Ihre Kunden zu binden.

→ Achten Sie auf die Sach- und die Gefühlssebene!

Natürlich kommen Kunden wieder, wenn der Nettonutzen überwiegt. Doch diese Nutzenabwägung geschieht meist nicht auf einer rein sachlichen Ebene, sondern beruht oft auf einer Bauchentscheidung. Sorgen Sie dafür, dass Ihre Kunden ein gutes Gefühl haben. Denn Ihre Kunden sollen wieder kaufen. Die Sachebene beeinflussen Sie beispielsweise durch Nutzenargumentation. Aber auch die Gefühlsebene sollten Sie versuchen positiv zu beeinflussen.

→ Endkunden treffen im Schnitt 80 Prozent der Kaufentscheidungen nicht nach sachlicher Abwägung, sondern nach Gefühl.

Sie möchten Kunden zu einer Kauf- oder Wiederkaufentscheidung bewegen. Dies bedeutet Einfluss nehmen. Ein mögliches „Nein" des Kunden in ein „Ja" zu verwandeln. Machen Sie es Ihren Kunden so einfach wie möglich, sich für einen Wiederkauf zu entscheiden: mit den passenden psychologischen Modellen, die Ihnen Handlungsanweisungen für den Alltag geben.

3.1 Bieten Sie Problemlösungen und Kundennutzen

3.1.1 Was können Sie besonders gut für Ihre Kunden tun?

Welche Gründe ein Kunde auch immer hat, Ihr Produkt oder Ihre Dienstleistung zu wählen, entscheidend ist die Frage, was es ihm bringt.

Bieten Sie also vor allem Lösungsmöglichkeiten für Kundenprobleme. Ein kundenorientiertes Unternehmen konzentriert sich nicht auf seine eigenen Produkte oder Dienstleistungen, sondern auf die Bedürfnisse und Wünsche seiner Kunden.

So verkauft beispielsweise ein Hersteller seinen Businesskunden keine Maschinen, sondern die Möglichkeit, zusätzlich Geld zu verdienen, Personal einzusparen oder das Herstellungsrisiko zu verkleinern etc. Einem Endverbraucher geht es oft nicht so sehr um die Ware als solche, sondern um die Möglichkeit, Ansehen zu gewinnen, Geld zu sparen, Freunde zu gewinnen, etwas zu erleben und vieles mehr. Denken Sie an die vielen Werbespots, die sehr oft kaum mehr etwas mit dem eigentlichen Produkt zu tun haben.

→ Ein Kunde kauft keine Bohrmaschine, sondern die Löcher in der Wand! ... Und manchmal auch die Illusion, ein begnadeter Handwerker zu sein.

Neben grundsätzlichen Überlegungen zum Kundennutzen, ist es wichtig zu überlegen, wie Sie Ihrem Kunden diesen Nutzen im Verkaufsgespräch oder einer Präsentation konkret vermitteln können.
→ Ermitteln Sie für den Kunden nützliche Produkteigenschaften (und natürlich auch Unternehmenseigenschaften).
→ Finden Sie heraus, was diese Eigenschaft dem Kunden bringt.

→ Formulieren Sie einen ganzen Satz, indem Sie die Eigenschaft und den Nutzen mit Brückenworten wie „daher", „das hat den Vorteil" oder „dadurch" verbinden.

Beispiele für nutzenorientierte Formulierungen

→ Das Fahrzeug ist mit einem Rußpartikelfilter ausgestattet. Das hat für Sie den Vorteil, dass Sie etwas für die Umwelt tun und gleichzeitig auch noch deutlich bei der Kfz-Steuer sparen.

→ Wir bieten Ihnen einen Vor-Ort-Service an, dadurch können Sie einfach weiterarbeiten und brauchen nicht tagelang auf eingeschickte Zubehörteile warten.

→ Wir sind ein recht kleines Unternehmen, daher können wir sehr flexibel auf Ihre Wünsche eingehen.

→ Reflexionsaufgabe

→ *Wo können Sie Ihren Kunden einen (echten) Nutzen bieten?*

→ *In welchen Situationen machen Sie den Kundennutzen besonders deutlich?*

→ *Können Sie aus dem Stand fünf Eigenschaften Ihrer Produkte oder Dienstleistung nennen und deren Nutzen für Ihren Kunden formulieren?*

Führen Sie einen Nutzen-Workshop mit allen Mitarbeitern durch. Sie werden überrascht sein, durch welch unterschiedliche Leistungen Ihr Unternehmen den Kunden einen Nutzen bieten kann.

Konzentrieren Sie sich auf Ihre Stärken. Führen Sie den Kunden diese Vorteile vor Augen. Vergleichen Sie sich mit anderen Unternehmen Ihrer Branche. In einigen Punkten sind Sie sicherlich herausragend. Auf diese Punkte sollten Sie Ihr Augenmerk richten, da sie Ihre einzigartige Verkaufsvoraussetzung, die sog. Unique Selling Proposition (USP), darstellen (siehe auch Kap. 4.5.3 „Machen Sie sich unverwechselbar!"). Arbeiten Sie daher Ihre USP heraus, die natürlich am Kundennutzen orientiert ist.

→ Machen Sie sich bewusst, wo Ihre einzigartigen Stärken liegen, und vermitteln Sie diese dann Ihren Kunden. Klappern gehört zum Handwerk!

3.1.2 Aus welchen Gründen kaufen Ihre Kunden?

Menschen tun oder lassen nichts ohne Grund. Natürlich gibt es viele Gründe, weswegen sich Kunden bestimmte Produkte kaufen oder Dienstleistungen in Anspruch nehmen. Und wenn Sie wissen, welcher Grund hinter einem Kauf steckt, dann haben Sie die Möglichkeit, Ihre Kunden noch besser anzusprechen, besser zufrieden zu stellen und letztlich noch besser zu binden.

Es gibt eine ganze Reihe von Motiven, die vielfach über den unmittelbaren Produktnutzen hinausgehen und die hinter einem Kaufinteresse stehen können:

Gewinnstreben

Mögliche Fragen Ihrer Kunden: Wie vermeide ich Kosten? Wie erhöhe ich meinen Gewinn?

Beispiele: Durch ein spezielles Verfahren kann das Produkt mit 10 Prozent weniger Energie hergestellt werden oder der günstige Spritverbrauch der neuen Firmenwagen senkt die Gemeinkosten.

Sicherheitsstreben

Mögliche Fragen Ihrer Kunden: Wie erwerbe ich Sicherheit? Der Kunde entscheidet sich nicht wegen seiner stärkeren Maschine für den teureren Wagen, sondern wegen des Seitenaufprallschutzes.

Bequemlichkeitsstreben

Mögliche Frage Ihrer Kunden: Wie kann ich unnötigen Aufwand vermeiden und es mir so einfach wie möglich machen?

Beispiele: Der Lieferservice, der mir alles direkt ins Haus bringt. Die Einkaufsmöglichkeit mit Kinderbetreuung für gestresste Mütter.

Gesundheitsstreben

Mögliche Fragen Ihrer Kunden: Wie kann ich gesund leben? Wie kann ich Krankheiten vorbeugen? Beispiele: Lebensmittel aus kontrolliert ökologischem Anbau, schadstofffreie Möbel.

Streben nach der Übernahme sozialer Verantwortung

Mögliche Fragen Ihrer Kunden: Wo kann ich Verantwortung übernehmen? Wie kann ich vermeiden, unsozial zu erscheinen?

Beispiele: Kosmetikprodukte ohne Tierversuche oder Gartenmöbel aus aufgeforstetem Tropenholz.

Neugierde und Entdeckungslust

Mögliche Fragen Ihrer Kunden: Was ist das Neue daran? Wie funktioniert das genau? Beispiel: Pinienzapfen, die zum „Selbstpflücken" der Pinienkerne im Supermarkt verkauft werden.

Prestigestreben

Mögliche Fragen Ihrer Kunden: Wie kann ich mein Prestige steigern? Ist das Produkt oder die Dienstleistung gerade „in"?

Oftmals kann dasselbe Produkt bei unterschiedlichen Kunden unterschiedliche Bedürfnisse decken. Motiv für den Kauf eines Luxuswagens kann Prestige-, Bequemlichkeits- oder Sicherheitsstreben sein. Je genauer Sie wissen, welches Bedürfnis Ihres Kunden beim Kauf Ihres Produkts oder Ihrer Dienstleistung befriedigt wird, desto gezielter können Sie Ihre Kunden daraufhin ansprechen. Ist das Kaufmotiv eindeutig identifiziert, dann sollten Sie dies unbedingt in Ihre Kundendatenbank aufnehmen (siehe Kap. 4.3 „Die richtigen Kunden richtig binden").

3.1.3 Unterschiedliche Kundentypen haben unterschiedliche Bedürfnisse

Um zu erkennen, welchen Nutzen Sie Ihren Kunden stiften können, ist es auch sinnvoll, zwischen verschiedenen Kundentypen zu differenzieren. Menschen unterscheiden sich. Und deswegen sollten sich auch Kundenbindungsmaßnahmen unterscheiden. Überlegen Sie selbst, wie Sie Ihre Kunden klassifizieren können und möchten. Sicherlich kennen Sie die Einteilung in introvertierte und extrovertierte Menschen. Einem introvertierten Menschen tun Sie keinen großen Gefallen, wenn Sie ihn auf eine fetzige Party einladen, sondern er wird sich vielleicht viel wohler fühlen, wenn Sie ihm an Weihnachten ein interessantes Buch schenken.

→ Es gibt eine unüberschaubare Anzahl von Modellen, die Kundentypen beschreiben. Machen Sie sich bewusst, dass jedes Modell seine Stärken und Schwächen hat.

Von den vielen Möglichkeiten und Modellen, Kundentypologien vorzunehmen, soll hier nur eine exemplarisch vorgestellt werden, und zwar eine Klassifizierung nach Farben. Auch dazu gibt es unterschiedliche Modelle (z. B. das DISG-Persönlichkeitsprofil oder die Kundentypen nach Insights MDI®). Das folgende Beispiel ist eine sehr kurze Fassung, die grobe Anhaltspunkte geben und das Prinzip verdeutlichen soll.

Beispiele für eine Klassifizierung von Kunden nach unterschiedlichen Farben

→ Rot-Komponente: Diese Kunden streben nach Wettbewerb. Nur der Augenblick, die Gegenwart zählt. Bieten Sie diesen Kunden Aktivität und Dynamik an. Geben Sie diesen Kunden Gelegenheit, sich zu beweisen und zu gewinnen. Beispiele hierfür sind: Kundenolympiaden, Verlosung einer Ferrarifahrt für einen Tag und vieles mehr.

→ Grün-Komponente: Diese Kunden möchten mit anderen Menschen in Kontakt sein, sich austauschen und plaudern. Starke Veränderungen oder zu viel Neues ist diesen Menschen suspekt. Lieber handeln sie aus Erfahrung. Bieten Sie diesen Kunden Gelegenheit, sich mit anderen Kunden zu treffen. Dies kann das gemeinsame Christbaumschlagen im Winter sein, eine Busreise des Kundenclubs oder Sie organisieren andere gesellige Aktivitäten.

→ Blau-Komponente: Kunden mit einer hohen Blau-Komponente sind eher zurückhaltend. Oftmals sind sie nicht sehr an anderen Menschen und deren Bedürfnissen interessiert. Bieten Sie diesen Kunden Denkanstöße. Diese Kunden sind sicherlich mit einem guten Buch besser bedient als mit einem Wettschießen. Solche Kunden können Sie an sich binden, indem Sie diese immer mit aktuellen Informationen und Zeitungsausschnitten versorgen.

Kunden nach so einfachen Kriterien in – wie man so schön sagt – Schubladen zu stecken, ist ein Anfang und bereits hilfreich. Man muss sich bewusst sein, dass dies eine grobe Vereinfachung darstellt. Und dennoch: Wenn man bewusst für unterschiedliche Kundentypen unterschiedliche Kundenbindungsmaßnahmen nutzt und sich wirklich Gedanken darüber macht, wer von den Kunden überhaupt Interesse an dem alljährlichen Umtrunk hat, erhält deutlich mehr Rückmeldung. Für den weiter und tiefer gehenden Einsatz sollten Sie sich natürlich mit einem der Modelle ausführlicher befassen.

3.2 Kundenerwartungen übertreffen und Begeisterung wecken

Kunden haben Erwartungen. Diese können sich auf das Produkt, die Dienstleistung oder den Service beziehen. Kundenbegeisterung und damit eine echte Kundenbindung können Sie nur erreichen, wenn die Erwartungen Ihrer Kunden nicht nur erfüllt, sondern übertroffen werden. Natürlich kann es sich kein Unternehmen leisten, alle Erwartungen zu übertreffen.

➜ Konzentrieren Sie sich auf einige wenige Erwartungen, die Sie dann allerdings deutlich übertreffen können. Konzentration statt Verzettelung!

Viele Unternehmen haben oft eine vermeintlich genaue Einschätzung bezüglich der Wünsche ihrer Kunden. Diese deckt sich jedoch vielfach nicht mit den tatsächlichen Wünschen der Kunden.

Das Vorgehen zum Ermitteln von Kundenerwartungen
- ➜ Kunden aufmerksam zuhören,
- ➜ Kunden direkt nach ihren Erwartungen fragen,
- ➜ Kunden mit ihren Bedürfnissen ernst nehmen,
- ➜ auch offen sein für Antworten, die man nicht hören möchte,
- ➜ Mitbewerber beobachten.

Achten Sie darauf, dass Sie die Kundenerwartungen messbar machen. Es nützt beispielsweise einem Schreiner nicht viel, wenn er schreibt: *„Die Kunden erwarten möglichst schnell ein Angebot."* Besser ist folgende Formulierung: *„Die Kunden erwarten, dass mein Angebot innerhalb einer Woche vorliegt."* Er übertrifft also die Erwartungen, wenn der Kunde bereits am nächsten Tag das Angebot vorliegen hat.

→ Formulieren Sie Kundenerwartungen so, dass sie messbar sind. Denn nur, was konkret messbar ist, kann übertroffen werden.

Tipp: Sammeln Sie in einem ersten Brainstorming alle Erwartungen, die ein Kunde an Ihr Unternehmen haben kann. Erst in einem zweiten Schritt strukturieren und sortieren Sie diese Erwartungen.

Kundenerwartungen übertreffen: Je konkreter, desto besser

Kundenerwartung	Möglichkeit, Erwartung zu übertreffen
Unterlagen nach einer Woche	Unterlagen schon nach zwei Tagen
Angebot nach drei Tagen per Fax	Angebot noch am selben Tag per Fax oder E-Mail
Handwerker hinterlassen Schmutz und Unordnung	Handwerker kommen mit dem Staubsauger und hinterlassen die Arbeitsstelle sauberer als zuvor
Der Rechnungsbetrag übersteigt den Kostenvoranschlag	Der Rechnungsbetrag ist niedriger als der Kostenvoranschlag
Wartungsintervalle von sechs Monaten	Wartungsintervalle von drei Monaten

3.2.1 Sonderwünsche erfüllen

Jeder Kunde möchte etwas Besonderes sein. Seien auch Sie als Unternehmen etwas Besonderes, indem Sie Ihren Kunden auch Sonderwünsche erfüllen. Zusätzlich zu einer standardisierten Produktpalette sollten Sie die Bereitschaft signalisieren, auf Sonderwünsche einzugehen. Winken Sie keinesfalls sofort ab. Prüfen Sie in jedem Fall das Anliegen der Kunden und, wenn Sie feststellen, dass Sie nicht imstande sind, den Sonderwunsch zu erfüllen, teilen Sie dies dem Kunden mit einer Begründung mit.

3.2.2 Kleine Geschenke erhalten die Freundschaft

Bleiben Sie bei Ihren Kunden mit kleinen Geschenken in Erinnerung. Besser als ein großes Geschenk an Weihnachten wirken kleine nützliche, interessante oder einfach nette Geschenke, die auch überraschend sein dürfen.

Wenn Sie vorwiegend per Post mit Ihren Kunden in Kontakt sind, überlegen Sie, was Sie einem Produktkatalog oder einem schriftlichen Angebot beilegen können.

Wenn Sie direkten Kundenkontakt haben, dann überlegen Sie, was Sie Ihren Kunden mit auf den Weg geben können. Es kann durchaus ein Kugelschreiber sein, ein Notizblock auf dem im Beratungsgespräch Ideen notiert wurden. Besonders Kinder werden sich noch ganz genau daran erinnern, wenn Sie auch an sie gedacht haben.

→ Achten Sie darauf, dass Sie eine nette Geste zeigen und nicht in den Verdacht geraten, den Kunden bestechen zu wollen.

Anregungen für Werbegeschenke bieten Ihnen Werbemittelkataloge, bei denen Sie aus vielen tausend Werbegeschenken auswählen können. Es gilt jedoch die Regel: Je stärker das Werbegeschenk mit Ihrem Unternehmen zu tun hat, desto besser. Also: Im Reisebüro der Urlaubsplaner, beim Architekten Bauklötze, beim Metzger die berühmte Scheibe Lyoner Wurst etc.

Fallstory Versicherungsmakler
Herr Müller ist Versicherungsmakler. Seine Kunden betreut er regelmäßig durch Schreiben, in denen Aktuelles und Interessantes erwähnt wird. Jedem Schreiben liegt eine Packung Gummibärchen bei. So kann er sicher sein, dass seine Schreiben zumindest geöffnet werden. Ursprünglich hatte er im Winter kleine Schokonikoläuse beigelegt. Einige Kunden hatten jedoch die Post auf der Heizung abgelegt. Mit dem Ergebnis, dass die Schokoladenmasse aus dem Brief herausquoll und er einige verärgerte Anrufe bekam.

Da er schnell reagierte, konnte er nach dieser ersten missglückten Werbeaktion alle Kunden halten: In einem zweiten Schreiben wurden alle Kunden eingeladen, als Wiedergutmachung einen Riesennikolaus abzuholen – beim Café Schmidt nebenan. Das hat Herrn Müller gar nicht so viel gekostet, weil das Café sich an der Aktion beteiligte – schließlich bot sich hier die Chance, neue Kunden zu gewinnen.

3.3 Auch ein „Nein" des Kunden akzeptieren

Kundenbindung bedeutet nicht Verkaufen um jeden Preis. Wer die Tür zum Kunden zuschlägt, braucht sich nicht zu wundern, wenn dieser nicht wiederkommt. Diese Tür wird auf vielerlei Weise zugeschlagen: Da zeigt der Verkäufer seine Enttäuschung über einen nicht getätigten Abschluss überdeutlich. Ein anderer Mitarbeiter gibt dem Kunden durch die Blume zu verstehen, dass dieser zu dumm sei, das „doch hervorragende" Angebot zu verstehen.

Kundenbindung bedeutet, die Tür zum Kunden offen zu lassen und auch ein „Nein" zu akzeptieren. Dass der Kunde jetzt nicht bei Ihnen kauft, kann viele Gründe haben. Im Idealfall können Sie diese durch ein Gespräch herausfinden. So haben Sie Rückmeldung und können Ihre weitere Vorgehensweise verbessern.

→ Kunden, die sich zu einem Abschluss genötigt fühlen, werden kein Vertrauen mehr zu Ihnen haben und sie werden nicht wiederkommen.

Bedrängen Sie Ihren Gesprächspartner nicht, sondern geben Sie ihm zu verstehen, dass Sie gerne jetzt mit ihm zusammengekommen wären. Formulieren Sie dies nicht als Vorwurf auf eine aggressive oder gar beleidigende Art. Signalisieren Sie, dass Sie seine Entscheidung akzeptieren und drücken Sie die Hoffnung auf eine Zusammenarbeit bei der nächsten Entscheidung aus. Ein „Nein" ist nie endgültig.

Der Kunde sollte immer das Gefühl haben, beim nächsten Mal ohne Schuldgefühle und ohne Reue auf Sie zurückkommen zu können.

Formulierungen, die helfen, die Tür offen zu halten

→ *„Schade, dass Sie sich schon anderweitig entschieden haben, Herr Maier! Geben Sie uns doch einfach Bescheid, wenn wieder etwas ansteht! Wir sind dann gerne für Sie da."*

→ *„Herr Wolf, es ist schön, dass Sie uns so ehrlich sagen, dass die Entscheidung auf einen Mitbewerber gefallen ist. Dies ist zwar schade, jedoch ist klar, dass wir nicht der einzige Anbieter sind. Werden Sie uns bei einer erneuten Anfrage wieder kontaktieren?"*

→ *„Herr Baum, ich akzeptiere Ihre Entscheidung, auch wenn es mir schwerfällt, da ich überzeugt bin, dass unsere Lösung für Sie das Optimum darstellt. Falls Sie sich doch noch anders entscheiden, freuen wir uns natürlich über eine Rückmeldung."*

→ *„Schade, dass heute nichts Passendes für Sie da war. Schauen Sie doch einfach bei Gelegenheit wieder vorbei. Sie wissen ja, wir haben immer wieder Neuigkeiten."*

Eine Kundenbeziehung kann nicht nur aus lauter Erfolgserlebnissen bestehen. Wenn Sie ein „Nein" des Kunden akzeptieren, dann signalisieren Sie, dass Ihre Beziehung mehr wert ist als ein schneller Auftrag.

3.4 Der Kaufreue des Kunden begegnen

Oftmals tritt nach dem Kauf bei Kunden eine Art Katerstimmung auf, auch Kaufreue genannt. Bei nochmaligem Überdenken des Kaufs scheinen dem Kunden dann die Vorzüge seiner Neuerwerbung doch nicht mehr so stichhaltig, wäre der Kauf bei einem Konkurrenzanbieter vielleicht doch besser gewesen, hätte er vielleicht doch noch das Folgemodell abwarten sollen … In einer solchen Phase der Kaufreue braucht Ihr Kunde Ihre Unterstützung und Bestätigung. Andernfalls besteht die Gefahr, dass er sich noch im Nachhinein übervorteilt oder schlecht beraten fühlt, was die Kundenbeziehung nachhaltig verschlechtern könnte.

Eine der wichtigsten Funktionen der Kommunikationspolitik innerhalb des Kundenbindungsmanagements besteht daher darin, der Kaufreue zu begegnen. Ziel ist die Verbreitung von kaufbestätigenden Informationen.

Eine weit verbreitete Möglichkeit sind beigelegte Kärtchen in der Art *„Herzlichen Glückwunsch zum Kauf dieses Qualitätsprodukts!"* oder *„Schön, dass Sie sich für uns als Hersteller entschieden haben. An diesem Produkt werden Sie noch lange Freude haben".* Sinnvoller als diese vollmundigen, aber leeren Worte sind dagegen Kärtchen bzw. Gebrauchsanweisungen, die nochmals gezielt den Kundennutzen in den Vordergrund stellen.

Grundsätzlich können Sie sämtliche Kundenbindungsinstrumente zur Vermeidung der Nachkaufsdissonanzen benutzen. Beispiele sind:

→ Kundenkarten,
→ Kundenzeitschriften,
→ Telefonmarketing,
→ Event-Marketing,
→ Direkt-Mailing etc.

Fallstorys Computerhändler und Hausgerätekauf

Herr Maier hat beim Fachhändler einen Computer erworben. Zugegeben: Er war etwas teurer als beim Discounter, doch ist sich Herr Maier sicher, hier neben einer guten Qualität einen guten Support erworben zu haben. Oder etwa doch nicht?

Bevor ihm erste Zweifel kommen, klingelt das Telefon. Der Händler ist am Apparat und erkundigt sich, ob alles in Ordnung sei und wie der Computer samt Drucker funktioniere. Herr Maier freut sich über den Anruf. Tatsächlich ist alles in bester Ordnung, doch der persönliche Anruf des Händlers gibt ihm das gute Gefühl, tatsächlich einen guten Kauf gemacht zu haben.

Frau Schmidt hat eine neue Kaffeemaschine erworben. Nachdem sie jetzt diese schon einige Tage in Gebrauch hat, erhält sie Post. In einem kurzen Anschreiben wird ihr nochmals zum Kauf der Maschine gratuliert und beigelegt findet Frau Schmidt noch einige Zusatzinformationen, die ihr die Handhabung des Geräts erleichtern sollen. Die kostenlose Serivcenummer für Fragen, Beschwerden oder Anregungen wird ihr nochmals in Erinnerung gerufen.

Auch ein Bewertungsbogen liegt bei. Frau Schmidt füllt den Bogen aus, denn schließlich kostet sie das nur zwei Minuten und sie hat die Chance, an einer Verlosung teilzunehmen.

Der Kauf bleibt ihr so in einer sehr guten Erinnerung und der Hersteller hat die Chance, bei einer möglichen Reklamation sofort zu handeln.

Gebrauchsanweisungen führen oftmals ein Schattendasein. Dabei sind sie die beste Möglichkeit, dem Kunden nochmals die Vorzüge und den Nutzen seiner Neuerwerbung vor Augen zu führen und so einer möglichen Kaufreue vorzubeugen.

3.5 Auf die Reaktanzfalle achten

„Steter Tropfen höhlt den Stein", sagen sich die Werbeleute und bleiben unentwegt dran an den Kunden. Das hat sicher seine guten Gründe, und trotzdem ist dabei Vorsicht geboten. Denn Menschen wollen unabhängig und frei entscheiden – auch als Kunden. Und wenn Menschen ihre Freiheit bedroht sehen, neigen sie zur Rebellion. Diese Kehrtwende in Einstellungen und Verhalten nennt man in der Psychologie Reaktanz. Wenn Sie Ihre Kunden also zu stark umwerben, kann deren positive Einstellung zu Ihrem Unternehmen umschlagen und sich ins Gegenteil verkehren. Wilhelm Busch hat dies treffend formuliert: „Man spürt die Absicht und ist verstimmt."

Unternehmen wollen Gewinn machen. Das wissen Sie, und Ihre Kunden wissen das auch. Gehen Sie deshalb mit Gratisangeboten sparsam um. Viele Kunden fragen sich: *„Wo ist der Haken?"* und vermuten eine Falle oder einen Köder. Wenn sie den Haken finden (oder meinen, ihn gefunden zu haben), ist das schlecht für Sie. Finden die Kunden ihn nicht (oder gibt es wirklich keinen), dann kann trotzdem die Transparenz der Preise und Konditionen infrage gestellt sein. Damit verunsichern Sie Ihren Kunden und geben ihm das Gefühl, Ihnen nicht mehr vertrauen zu können.

→ Gratisangebote brauchen gute Gründe. Finden Sie also einen passenden Grund, wenn Sie Ihren Kunden „etwas Gutes tun" möchten.

Mögliche Aufhänger und plausible Anlässe:
- → Geburtstage und Jubiläen
- → Wichtige Unternehmensereignisse
- → Treueprämien
- → Sonderaktionen
- → Testaktionen

Überprüfen Sie kritisch, wie Ihre Gratisangebote aus Kundensicht wirken, welche sicher Kunden binden und welche möglicherweise Kunden vergraulen. Für viele Gratisaktionen könnte das Urteil lauten: Sparen Sie Ihr Geld und behalten Sie Ihre Kunden! Gehen Sie mit Gratisangeboten sorgsam um!

3.6 Kundenwunsch: Variety-Seeking

Wir alle mögen Abwechslung. Gerade in unserer Erlebnisgesellschaft. Da kann es sein, dass Kunden abwandern, obwohl Sie durchaus mit Ihnen zufrieden sind. Der Grund: Auch zufriedene Kunden suchen Abwechslung. Und genau die sollten Sie Ihren Kunden auch bieten.

Dem Phänomen des sog. Variety-Seeking wird oft durch eine Variation der Produktpalette begegnet.
→ Der Vollkornbäcker bietet auch mal ein knuspriges Baguette an.
→ Der Metzger richtet eine italienische Woche aus.
→ Das Fitness-Studio macht Wellness-Angebote.

Warum ist das so? Weil bei aller Zufriedenheit mit einem Vollwertbäcker das Vollkornbrot auf die Dauer langweilig wird, der Kunde dann zum „Normalbäcker" geht und möglicherweise nicht wiederkommt. Oder Kunden gehen in den italienischen Supermarkt und kaufen dort die Salami – und Schinken dann gleich mit. Und wieder hat der Metzger ein Marktsegment verloren.

Dasselbe gilt auch für Autos. Fast jeder Hersteller möchte alle Segmente abdecken, damit kein Kunde zur Konkurrenz geht. Hersteller gehobener Autos bieten immer mehr auch Kleinwagen an und traditionelle Hersteller von Kleinwagen legen sich auch Autos für gehobene Ansprüche zu. Die Gefahr besteht in einer Verzettelung, einer übermäßigen Diversifikation, einem Ablenken vom Kerngeschäft.

→ Kundenbindung durch Abwechslung bedeutet nicht, das Angebot ständig auszuweiten, sondern den Kunden über den Rahmen des Kerngeschäfts hinaus immer wieder einmal etwas anderes anzubieten.

Wer sich konsequent auf sein Kerngeschäft zurückzieht, mag effizient wirtschaften, läuft aber Gefahr, dass sein Sortiment und sein Angebot langweilig werden, sodass Kunden öfter fremdgehen und schließlich ganz abwandern. Achten Sie daher darauf, auch hin und wieder Artikel oder Dienstleistungen anzubieten, die nicht Ihr Kerngeschäft darstellen, denn dadurch erhalten Sie eine Spannung.

Das typische Alltagsbeispiel, das dies veranschaulicht, ist der Supermarkt „um die Ecke". Man kauft dort jahrelang ein und die Preise sind unschlagbar günstig. Allerdings gibt es dort nichts Besonderes. Standardangebot halt. Hin und wieder geht man dann schon mal in einen anderen Supermarkt, der zwar etwas teurer ist, dafür aber öfter Unerwartetes bietet: Mal gibt es eine besondere Auswahl an exotischen Früchten. Mal werden Fischsorten angeboten, die man noch nicht kennt. Natürlich tätigt man bei dieser Gelegenheit auch gleich seinen „normalen" Einkauf – trotz der höheren Preise. Die Gefahr für den Supermarkt an der Ecke: Man kennt den Weg zum anderen Supermarkt und es wird immer leichter fallen, öfter mal dort vorbeizuschauen.

Bieten Sie Ihren Kunden Abwechslung. Dies bedeutet nicht, die Kunden zu verwirren, sondern deren ganz natürliche Neugierde zu befriedigen. Die Abwechslung braucht sich nicht nur auf die Ansprache der Kunden oder die Gestaltung der Ladenlokale, Schaufenster und Produkte zu beziehen – es lässt sich oft sehr viel mehr verändern. Beachten Sie jedoch, dass Sie Ihr Kerngeschäft nicht aus den Augen verlieren.

3.7 Aktiv auf Kunden zugehen

Zum Schluss dieses Kapitels noch ein Hinweis, der nicht Ihre Kunden, sondern Sie selbst betrifft.

Kundenbindung bedeutet, Kontakt mit anderen Menschen aufzunehmen, den Kontakt zu halten und zu pflegen. Kundenbindung hat also auch immer etwas damit zu tun, wie Sie selber wirken, welche Persönlichkeit Sie besitzen und wie Sie auf andere Menschen zugehen.

Auch wenn Sie glauben, dass Sie Kundenbindung lieber denen überlassen sollten, die kontaktfreudiger sind, sollten Sie dennoch eines bedenken: Sie selbst können sich ganz entscheidend ändern, wenn Sie nur daran glauben. Viele erfolgreiche Unternehmer flüchten sich in die Schüchternheit und glauben, dass Ihnen die Fähigkeit fehlen würde, auf andere Menschen zuzugehen und Bindungen zu halten.

Wenn Sie sich jedoch dazu entscheiden, kein schüchterner Mensch mehr zu sein, dann sollten Sie überlegen, was Sie stattdessen sein möchten. Möchten Sie tiefe, innige Beziehungen zu anderen Menschen unterhalten? Möchten Sie im Hintergrund bleiben, aber dennoch Beziehungen pflegen? Möchten Sie lieber ein Partylöwe sein? Alles ist möglich. Trauen Sie sich, anderen Menschen kleine Erlebnisse zu erzählen, nicht nur große Ereignisse. Sie werden überrascht sein, wie einfach es ist, mit persönlichen kleinen Erlebnissen Kontakt zu anderen Menschen zu bekommen.

Nutzen Sie einige der folgenden Übungen, um es sich zu erleichtern, noch einfacher auf Stammkunden zuzugehen und noch einfacher eine Beziehung aufrechtzuerhalten:

Erstellen Sie eine Liste mit Ihren persönlichen Stärken

Wir machen uns unsere positiven Eigenschaften viel zu wenig bewusst – gerade Eigenschaften wie „Zuverlässigkeit", „Ruhe", „Fröhlichkeit" und viele mehr sollten Ihnen vor Augen führen, wie fähig Sie sind, Kontakte zu Kunden zu halten.

Sprechen Sie andere Menschen an

Nicht nur Ihre Kunden, sondern auch wildfremde Menschen. Sie werden überrascht sein, wie schnell Sie auf diese Weise lernen, Kontakte zu knüpfen und Gespräche aufrechtzuerhalten – eine Grundvoraussetzung für erfolgreiche Kundenbindung. Gewöhnen Sie sich an, immer eine Visitenkarte oder eine Unternehmensbroschüre dabeizuhaben.

Machen Sie bewusst aus Kunden Freunde

Überlegen Sie, mit welchen Ihrer Kunden, die Sie bislang nur beiläufig kennen, Sie eine nähere Beziehung aufbauen möchten. Schreiben Sie alles auf, was Sie über diese Person wissen, und all das, was Sie mit dieser Person gemeinsam zu haben glauben. Dies kann die gemeinsame Begeisterung für eine bestimmte Sportart sein, es können gemeinsame Bekannte sein. Suchen Sie aufgrund dieser Informationen näheren Kontakt, indem Sie den Kunden konkret auf eine Gemeinsamkeit oder ein für ihn interessantes Thema ansprechen. Möglicherweise können Sie den Kontakt auch auf außergeschäftliche Begegnungen hin ausweiten und so mehr über Ihre Kunden erfahren.

3.8 Zusammenfassung

→ Kunden kaufen weniger Produkte und Dienstleistungen als vielmehr Problemlösungen!

→ Realisieren Sie für Ihre Kunden daher immer einen ganz konkreten und möglichst individuellen Nutzen, den nur Sie und kein anderer Wettbewerber ihnen bieten kann.

→ Kaufmotive müssen nicht ausschließlich im unmittelbaren Produktnutzen liegen, sondern können auch durch Gewinn-, Sicherheits-, Bequemlichkeits-, Gesundheits- und Prestigestreben, Neugier und soziale Verantwortung begründet sein.

→ Unterschiedliche Kundentypen haben unterschiedliche Nutzenerwartungen. Versuchen Sie, Kunden differenziert anzusprechen.

→ Übertreffen Sie Kundenerwartungen und wecken Sie so Begeisterung für Ihr Unternehmen. Konzentrieren Sie sich dabei auf nur wenige Erwartungen, die Sie dann aber deutlich übertreffen.

→ Akzeptieren Sie auch ein „Nein" des Kunden und versuchen Sie, die Tür für weitere Abschlüsse offen zu halten.

→ Begegnen Sie der Kaufreue Ihrer Kunden durch geeignete Maßnahmen wie Zusatzinformationen, Zufriedenheitsanrufe etc.

→ Setzen Sie Ihre Kunden werblich nicht unter Druck (Reaktanzfalle) und versuchen Sie, Gratisangebote möglichst plausibel zu begründen.

→ Bieten Sie Ihren Kunden immer wieder einmal eine Abwechslung, die Ihr Kerngeschäft variiert oder über es hinausgeht.

→ Gehen Sie aktiv auf Ihre Kunden zu. Machen Sie bewusst aus Kunden Freunde, um mehr über Ihre Kunden zu erfahren.

→ Aufgaben

1. *Formulieren Sie einen Satz, in dem Sie sich mit Ihrem Unternehmen wiederfinden. Was sind Ihre Stärken? Wofür stehen Sie? (Es geht hier um die USP.)*

2. *Überlegen Sie sich Kundenerwartungen, die Sie übertreffen können.*

3. *Erklären Sie den Begriff „Variety-Seeking" und finden Sie Beispiele auf Ihr Unternehmen bezogen.*

4. *Überlegen Sie, aus welchen Gründen Ihre Kunden kaufen (Kaufmotive).*

4 Kundenbindung hinter den Kulissen

Lernziele
- → Sie entwickeln eine geeignete Unternehmensstrategie, um Ihre Kunden dauerhaft zu binden.
- → Sie betrachten Indikatoren für Kundenfreundlichkeit und finden heraus, wie kundenfreundlich Ihr Unternehmen ist und wo Verbesserungspotenzial besteht.
- → Sie erfahren, wie Sie richtig mit Neu- und Bestandskunden umgehen.
- → Sie lernen unterschiedliche Qualitätswerkzeuge kennen, mit denen Sie Ihre Servicequalität verbessern können.

Ein noch so gutes Einfühlungsvermögen und Nachvollziehen von Kundenwünschen wird wirkungslos verpuffen, wenn die organisatorischen und strategischen Voraussetzungen nicht stimmen. Oft ist eine gute Vorarbeit entscheidend. Hier wird dargestellt, welche Maßnahmen wichtig sind. Und diese Maßnahmen können oft ganz unterschiedlich sein.

4.1 Grundsätzliche Strategien

4.1.1 Preis, Produkt oder Kunde?

Oftmals wird Kundenorientierung als der „Königsweg zum Erfolg" bezeichnet, als Patentlösung für alle Probleme. Aber ist dies der einzige Weg zum Erfolg? Nicht zwingend. Der Weg zum Kunden kann auch über eine Kosten- oder Produktführerschaft führen. Es geht nicht darum, in allen Disziplinen hervorragende Leistungen zu bieten. Der Versuch, dies umzusetzen, ist zum Scheitern verurteilt. Unternehmen sollten in einer der drei Disziplinen exzellent sein und in den anderen beiden mindestens Durchschnitt.

Möglichkeit 1: Kostenführerschaft

Ziel der Kostenführerschaft ist es, hinsichtlich Preis und Zutrittsbequemlichkeit in seiner eigenen Branche führend zu sein. Dies bedeutet, laufend an der Kostenminimierung und der Optimierung von

Geschäftsprozessen zu arbeiten. Das Unternehmen orientiert sich in seiner Leistungserbringung in erster Linie an der Kosteneffizienz.

Alles, was nicht ein Hauptbeurteilungskriterium aus Kundensicht ist, wird standardisiert und dementsprechend kostengünstig erbracht. Auf zusätzlichen Service wird hier aus Kostengründen bewusst verzichtet.

➔ Standardisierte Leistung in durchschnittlicher Qualität mit geringem Service zu wettbewerbsfähigen Preisen.

Billigfluglinien übernehmen die Preisführerschaft. Auf warme Mahlzeiten und andere Annehmlichkeiten wird verzichtet. Stattdessen gibt es allenfalls eine Packung Erdnüsse. Zusätzliche Getränke können gekauft werden. Dass die Flugzeuge nicht immer in Großstädten landen, ist für viele Kunden kein Hauptbeurteilungskriterium.

Möglichkeit 2: Produktführerschaft

Ziel der Produktführerschaft ist es, den Kunden die besten Produkte anzubieten. Ständige Innovationen und Verbesserungen der qualitativ hochwertigen Produkte oder Dienstleistungen sind hier unerlässlich. Durch den Innovationsvorsprung werden sowohl Produkte der Mitbewerber als auch die eigenen Produkte schnell überholt.

➔ Qualitativ hochwertige Produkte und Dienstleistungen, die im jeweiligen Marktsegment die Innovationsspitze darstellen.

Ein Unternehmen bietet Stereoanlagen an. Entscheidend ist, dass optisch und technisch ausgereifte Produkte angeboten werden, deren Qualität außer Frage steht. Ziel des Unternehmens ist es, in Sachen Klangqualität bei Verstärkern das jeweilige Referenzmodell bieten zu können.

Möglichkeit 3: Kundenpartnerschaft

Unternehmen, die sich auf Kundenpartnerschaft konzentrieren, sind vor allem an der individuellen Befriedigung von Kundenbedürfnissen orientiert. Märkte werden segmentiert und Kunden individuell angesprochen. Ziel ist es, die Ansprüche jedes einzelnen Kunden zu erfüllen. Im Extremfall wird die Segmentierung bis zum individuellen Kunden reichen: One-to-One-Marketing, direkt am jeweiligen Kunden orientiert.

→ Hoch individualisierte Kundenansprache mit dem Ziel, den größtmöglichen Kundennutzen zu stiften.

Während in der Vergangenheit in der Regel Qualität und Preis die maßgebenden Kaufkriterien waren, gewinnen Faktoren wie Bequemlichkeit (Convenience), Servicefreundlichkeit, After-Sales-Betreuung, Verlässlichkeit, Erreichbarkeit etc. zunehmend an Bedeutung.

4.1.2 Kunden gewinnen oder Kunden binden?

Grundsätzlich unterscheiden lassen sich die offensive oder die defensive Strategie der Kundenbindung. Offensive Strategien dienen dazu, neue Kunden zu gewinnen, defensive Strategien, bestehende Kunden zu halten.

Wurden bis Anfang der 90er-Jahre vor allem offensive Strategien gewählt, greifen auf unseren stagnierenden Märkten immer stärker defensive Strategien.

Offensive Strategie: Neue Kunden gewinnen

Die Strategie der Neukundengewinnung dient dazu, den Markt zu erweitern oder den relativen Marktanteil zu erhöhen.

Instrumente der Neukundengewinnung

→ Profiverkäufer: Der klassische Weg, an neue Kunden zu kommen, besteht im Aufbau eines schlagkräftigen Außendienstes oder in der Schulung von Mitarbeitern mit Kundenkontakt. Doch gute Verkäufer zu finden ist gar nicht einfach.

→ Direkt-Mailings: Es werden heute im Vergleich zu vergangenen Jahrzehnten bedeutend mehr Direkt-Mailings verschickt. Die Folge: Informationsüberlastung der Empfänger und damit Streuverluste, die von Jahr zu Jahr höher werden. Rücklaufquoten von wenigen Promille werden mittlerweile schon als Erfolg gefeiert!

→ Telefonmarketing: Immer mehr Unternehmen entschließen sich dazu, den Weg der Kaltakquise zu gehen. Für viele Mitarbeiter bedeutet dies Frust und Umgang mit Ablehnung. Denn im Unterschied zum bestehenden Kunden, mit dem eine Beziehung besteht, der gehegt und gepflegt wird, geht es hier darum, Kunden zu jagen und zu gewinnen.

Natürlich sind die unterschiedlichen Versuche, Neukunden zu gewinnen, auch von Erfolg gekrönt. Doch es geht auch einfacher und kostengünstiger: mit bestehenden Kunden Umsatz und Gewinn machen, Stammkunden länger behalten statt laufend Neukunden gewinnen.

Defensive Strategie: Bestehende Kunden binden

Wer in stagnierenden Märkten möglichst viele seiner bestehenden Kunden halten kann, hat wirtschaftlichen Erfolg. Je geringer die Abwanderung, d.h. je höher die Loyalität der Kunden, desto höher auch die Rendite des jeweiligen Unternehmens.

→ Und das ist die Grundregel der Kundenbindung: Stammkunden zu halten lohnt sich!

Untersuchungen haben ergeben, dass es rund fünfmal teurer ist, einen Neukunden zu gewinnen, als einen Stammkunden zu halten. Dennoch wird gerade der Bereich der Kundenbindung in vielen Unternehmen sträflich vernachlässigt.

Möglichkeiten, Kunden zu binden, bestehen darin
→ die Kundenzufriedenheit zu erhöhen (siehe Kap. 1.3.5 „Erfolgsfaktor Kundenzufriedenheit"),
→ Wechselbarrieren zu errichten (siehe Kap. 4.6).

Wissenschaftlich lässt sich Kundenbindung als Teilmenge des sog. „Customer Relationship Management" betrachten.

Überlegen Sie selbst, welche Strategie in Ihrem Unternehmen vorherrscht! Wenn Sie bislang vorwiegend auf offensive Strategien gesetzt haben, sollten Sie vermehrt auch die zweite Strategie nutzen. Denn beide schließen sich nicht aus.

→ Beide Strategien gehen Hand in Hand: Neukundengewinnung und Kundenbindung.

4.2 Wie kundenfreundlich ist Ihr Unternehmen?

Natürlich möchten Sie noch stärker Kunden binden – bevor Sie jedoch in Aktionismus verfallen, sollten Sie den Ist-Zustand Ihrer Kundenorientiertheit feststellen. Beschreiben Sie Ihr Unternehmen, stellen Sie die aktuelle Situation fest, machen Sie Inventur.

Checkliste: Bilanz ziehen – wie kundenfreundlich ist Ihr Unternehmen?

- ✓ Wie ist das allgemeine Ansehen Ihrer Branche bei den Kunden?
- ✓ Welche Ziele visieren Sie mit Ihrem Unternehmen an? (kurzfristig, mittelfristig, langfristig)
- ✓ Was sind ganz konkret Ihre speziellen Stärken?
- ✓ Was möchten Sie mit Ihrem Unternehmen erreichen?
- ✓ Wer sind Ihre tatsächlichen Kunden?
- ✓ Was sind Ihre gewünschten Kunden?
- ✓ Wie gewinnen Sie im Moment Ihre Kunden?
- ✓ Wie viele Kunden besitzt Ihr Unternehmen – wie viele davon sind Karteileichen?
- ✓ Gibt es eine Kernzielgruppe?
- ✓ Welche sind Ihre lukrativsten Kunden?
- ✓ Warum kaufen die Kunden gerade bei Ihnen?
- ✓ Haben Sie bereits Umfragen bei Ihren Kunden durchgeführt?

4.2.1 Schwachstellen Ihrer Kundenorientierung

Sie möchten die Kundenorientierung im Unternehmen verbessern und so eine stärkere Kundenbindung erreichen. Dann machen Sie sich auf die Suche nach den Schnittstellen und stellen Sie die Ist-Situation fest. Wo kommen Sie in Kontakt zu Ihren Kunden und auf welche Weise? In einem weiteren Schritt können dann konkrete Maßnahmen abgeleitet werden.

Wir betrachten im Folgenden Schnittstellen im Unternehmen, die es lohnt, genauer zu untersuchen:

Schnittstelle Korrespondenz

Überlegen Sie, welche Briefe und E-Mails Ihre Kunden von Ihrem Unternehmen erhalten! Wie ist der Schreibstil dieser Briefe? Welche Formulierungen werden verwendet?

Achten Sie darauf, Ihren Korrespondenzpartner auch als Partner anzusprechen und vermeiden Sie Amtsdeutsch. Formulierungen wie „wir gewähren", „bezugnehmend" etc. sollten Sie aus Ihrem Wortschatz streichen. Starten Sie mit einer positiven Aussage. Achten Sie darauf, im ersten Satz den Kunden anzusprechen und ihn in den Mittelpunkt zu stellen.

→ Vielen Dank für Ihr Interesse an unseren Trainings und Seminaren ...

→ Danke für die schnelle Rücksendung. Wie besprochen erhalten Sie ...

→ Gleich vorneweg die erfreuliche Mitteilung: Wir haben grünes Licht ...

→ Sie hatten vor einigen Tagen ...

→ Gerne können Sie mit dem beiliegenden ...

Das sollten Sie prüfen:
→ Ist die Durchwahlnummer des Gesprächspartners angegeben?
→ Zu welchen Gelegenheiten erhält Ihr Kunde ein Schreiben?
→ Wie schnell werden Briefe und wie schnell werden E-Mails beantwortet?
→ Welche Formulierungen kommen bei Kunden besonders gut an?
→ Wie oft soll ein Kunde angeschrieben werden?
→ Was ist sein Nutzen?
→ Wie kann ein Brief individualisiert werden?

→ Erleichtern Sie Ihren Kunden die Lesbarkeit Ihrer Briefe. Vermeiden Sie gestelzte Sprache und komplizierte Formulierungen.

Schnittstelle Telefonate

Gerade am Telefon können Sie durch Kundenorientierung glänzen und so eine Kundenbeziehung festigen (siehe auch Kap. 2.2). Ein Kunde spricht lieber mit Ihnen, wenn er am anderen Ende etwas Positives zu hören bekommt. Doch oftmals scheitert ein gelungenes Telefonat schon an der ersten Hürde: der fehlenden Telefonnummer.

Achten Sie darauf, dass Ihre Kunden die passende Durchwahl zur Verfügung haben. Nichts ist ärgerlicher, als festzustellen, dass die Telefonzentrale nicht mehr besetzt ist und die Durchwahl der gewünschten Person nicht vorliegt.

Das sollten Sie prüfen:
- → Wie nehmen Sie Anrufe entgegen?
- → Wie und zu welchen Zeiten rufen wir selbst Kunden an?
- → Wie werden Anrufer weiterverbunden?
- → Wie wird geregelt, dass Kunden zurückgerufen werden?
- → Ist eine Servicenummer für Ihr Unternehmen geeignet?
- → Nutzen Sie aktive Telefonate zur Kundenbindung?

Schnittstelle Organisation

Was nützt es, wenn freundliche Briefe geschrieben werden, diese aber erst Wochen später beim Kunden ankommen? Was nützt es, wenn Mitarbeiter qualifiziert sind, ein Problem zu lösen, aber keiner sich zuständig fühlt? Achten Sie darauf, dass Sie auch als Kleinbetrieb bestimmte Standards festschreiben. Überlegen Sie, welche organisatorischen Unklarheiten Sie beseitigen können.

Das sollten Sie prüfen:
- → Wie lange dauert es, bis eine Anfrage bearbeitet wird?
- → Wie schnell kann ein Kunde mit einer Antwort rechnen?
- → Wer ist eindeutig für welches Problem zuständig?

Schnittstelle Technik

Natürlich können Sie im Unternehmen Karteikästen stehen haben. Eine professionelle Kundenverwaltung lässt sich allerdings mit einer entsprechenden Software besser bewerkstelligen. Wirkungsvolle Kundenbindung können Sie oft nur mit modernster Technik betreiben. Oft scheitert eine langfristige Kundenbeziehung an fehlenden Kommunikationsmöglichkeiten. Wer keinen Internetzugang hat, dem können auch keine E-Mails geschickt werden. Kunden möchten sich auch informieren. Was liegt näher, als alle nötigen Informationen auf Ihrer Homepage zu präsentieren. Überlegen Sie auch, wie es um die Ausstattung mit Computern bestellt ist. Der freundlichste Kunde wird ungeduldig, wenn sich eine Datenbankabfrage über Minuten hinzieht.

Das Gesagte gilt auch und gerade für kleine Unternehmen und Einzelkämpfer. Ein Fall aus der Beratungspraxis ist eine Schmuckdesignerin, die bisher über aktives Empfehlungsmarketing viele Kunden gewonnen hat. Welches Potenzial aber tatsächlich in ihrem kleinen Laden steckt, ist ihr erst bewusst, seit sie eine Internetpräsenz hat. Auf ihren Seiten sind viele Abbildungen und Musterstücke zu entdecken. Die Kunden nehmen das Angebot, sich hier zu informieren, gerne an und ihren virtuellen Besuch dann zum Anlass, auch die Werkstatt aufzusuchen.

Schnittstelle interne Kommunikation

Sie kennen das aus Erfahrung: Bekannte, bei denen regelmäßig ein Familienkrach ausbricht, werden nur sehr ungern besucht. Und wie ist es bei Unternehmen? Nicht anders.

→ Die Kommunikationskultur innerhalb eines Unternehmens beeinflusst immer auch die Kundenkommunikation.

Oft ist zu beobachten, dass Mitarbeiter über andere Abteilungen jammern oder schimpfen. Dem Kunden ist es egal, in welcher Abteilung „Mist gebaut" wurde: Er wird die negative Aussage auf das gesamte Unternehmen beziehen.

Natürlich wird auch durch Hochglanzprospekte mit dem Kunden kommuniziert. Bedeutend wichtiger jedoch ist, was die Mitarbeiter selbst äußern. Stehen sie dem Unternehmen loyal gegenüber oder wird über das Unternehmen schlecht geredet?

Achten Sie daher auch darauf, dass Sie Kundenorientierung und Kundenbindung nicht nur nach außen leben, sondern dies auch für Ihre internen Kunden umsetzen: Die eigenen Mitarbeiter. Nur eine Organisation, die Mitarbeiterorientierung und Mitarbeiterbindung ernst nimmt, kann letztlich auch kundenorientiert handeln.

Auch der Informationsfluss im Unternehmen wirkt sich auf die Kundenorientierung aus. Die beste Kundendatenbank nutzt nichts, wenn das relevante Wissen nicht jederzeit allen Mitarbeitern im Kundenkontakt zur Verfügung steht.

Leitfragen für ein Kundenwissensmanagement:
→ Wie ist definiert, was über Kunden wissenswert ist?
→ Wie findet dieses Wissen Eingang ins Unternehmen?
→ Wie wird es dokumentiert?
→ Wie wird der Informationsfluss gewährleistet?
→ Wer hat wann, wie und wo Zugriff auf Kundenwissen?

4.2.2 Mitarbeiterbefragung als Informationsquelle

Um herauszufinden, welche Maßnahmen Sie zur Kundenbindung ergreifen können, brauchen Sie keine dicken Bücher zu wälzen oder einen teuren Unternehmensberater zu engagieren, sondern Sie können sehr viel schneller passende Informationen direkt von Ihren Mitarbeitern erhalten. Ihre Mitarbeiter stehen täglich im Kundenkontakt und kennen Ihre Kunden am besten.

Organisieren Sie doch eine Umfrage oder machen Sie einen Kunden-bindungs-Workshop mit Ihren Mitarbeitern. Sie werden erstaunt sein, wie viele Ideen unerkannt in Ihrem Unternehmen vorhanden sind. Oft lassen sich daraus wichtige Anhaltspunkte für Optimierungsmaßnahmen ableiten. Maßgebend ist es vor allem bei Workshops, die Ideen nicht sofort zu bewerten, sondern zu sammeln. Quantität vor Qualität. Selbst undurchführbare Ideen können eine wichtige Anregung darstellen.

Mögliche Fragen:
�캠 Was wissen wir eigentlich alles über unsere Kunden?
➤ Welche konkreten Wünsche haben unsere Kunden?
➤ Wie können wir unsere Stammkunden am besten an uns binden?
➤ Welche von uns praktizierten Kundenbindungsmaßnahmen finden Sie sinnvoll und welche finden Sie eher unnötig?
➤ Welche Unterstützung brauchen Sie vom Unternehmen, um sich noch besser dem Kunden widmen zu können, um mit diesem eine Beziehung aufzubauen?

4.2.3 Erfolgsfaktor: Alle ziehen am selben Strang

Eine von oben verordnete und lediglich mit vollmundigen Worten propagierte Kundenorientierung hat wenig Aussicht, tatsächlich bei den Kunden anzukommen. Kundenorientierung hat immer auch etwas mit den eigenen Mitarbeitern zu tun: Sie sind es letztlich, die den Kontakt zu Kunden halten. Es muss daher sichergestellt sein, dass Kundenorientierung nicht nur eine abstrakte Philosophie darstellt, sondern ein von allen Mitarbeitern mit sämtlichen Konsequenzen akzeptiertes Ziel ist.

Gestalten Sie einen Kundenbindungs-Tag für Ihre Mitarbeiter. An einem Tag kann nicht alles verändert werden, jedoch kann hier vielen bewusst werden, wie wichtig es ist, den Kunden in den Mittelpunkt des unternehmerischen Handelns zu stellen.

Vorgehensvorschläge:
→ Verdeutlichen Sie, weshalb Kundenbindung überhaupt ein Thema ist; was es für das Unternehmen und damit auch für jeden einzelnen Arbeitsplatz bedeutet, wenn Kunden verloren gehen. Hier geht es nicht darum, den „Teufel an die Wand" zu malen, sondern ganz einfach das Bewusstsein zu wecken, dass ein Stammkunde etwas sehr Wertvolles darstellt und daher auch entsprechend behandelt werden sollte. Rechnen Sie ruhig zusammen aus, wie wertvoll ein Kunde ist, der sein Leben lang Stammkunde bleibt! Das Ergebnis ist oft eine Überraschung.

Wecken Sie bei Ihren Mitarbeitern das Bewusstsein, dass Kundenzufriedenheit und Kundenbindung eng miteinander verbunden sind. Beispiele aus Ihrem Unternehmen werden Sie genügend finden. Oft hilft es, wenn dieser Workshop von einem externen Trainer moderiert wird. Informieren Sie sich auch über diese Möglichkeit.

4.3 Die richtigen Kunden richtig binden!

In der Praxis ist es entscheidend, zwei Grundsätze zu beachten:
→ die richtigen Kunden binden und
→ die Kunden richtig binden!

Es nützt nichts, Kunden zu binden, die Ihrem Unternehmen nichts bringen. Ebenso ist es unsinnig, die richtigen Kunden mit den falschen Mitteln binden zu wollen.

4.3.1 Die richtigen Kunden binden

Konzentrieren Sie sich auf die richtigen Kunden. Allzu oft wird Kundenbindung mit dem Gießkannenprinzip betrieben und versucht, jeden Kunden zu binden. Dies kostet unverhältnismäßig viel Aufwand, der sich nicht in jedem Fall auszahlt.

→ Überlegen Sie genau, welche Kunden Sie langfristig gewinnen möchten und für welche Kunden nur ein geringerer Kundenbindungsaufwand gerechtfertigt ist.

Kunden priorisieren

Nach dem sog. Pareto-Prinzip werden 80 Prozent der Wirkung durch lediglich 20 Prozent des Aufwandes erzielt. So erwirtschaften Sie in der Regel mit nur 20 Prozent Ihrer Kunden (und meistens sind das Ihre Stammkunden) 80 Prozent Ihres Umsatzes und 20 Prozent der Reklamationen verursachen 80 Prozent des Reklamationsaufwandes.

Versuchen Sie also herauszufinden, welche 20 Prozent Ihrer Kunden für Sie am wertvollsten sind, Ihnen also den größten Ertrag einbringen. Konzentrieren Sie sich auf diese Kunden! Sie verfügen nur über begrenzte Mittel und Ressourcen. Verteilen Sie diese nicht gleichmäßig, sondern setzen Sie sie ganz gezielt ein.

➔ Konzentrieren Sie sich auf die wirklich wichtigen Kunden.

Um herauszufinden, welche Kunden wichtig sind, empfiehlt es sich, ein Kundenportfolio anzulegen und die Kunden nach Umsatz und Kauffrequenz in drei verschiedene Kategorien einzuteilen: A-Kunden, B-Kunden und C- Kunden. So haben Sie jederzeit einen Überblick darüber, welcher Kunde welchen Aufwand rechtfertigt.

Kundenbindungsaufwand gezielt nach Wichtigkeit einsetzen

Obwohl es vordringlich und ökonomisch sinnvoll ist, die Schlüsselkunden zu hegen und zu pflegen, sollte dennoch Ziel sein, allen Kunden das Gefühl zu vermitteln, dass sie wichtig sind. Prinzipiell ist jeder Kunde Zielkunde, denn viele Kunden können sich entwickeln.

Fallstory Druckerei – als Dienstleister von Veränderungen beim Kunden profitieren

Herr Maier hat zur örtlichen Druckerei einen guten Kontakt. Obwohl er nur wenige Male im Jahr einen Auftrag vergibt, wird er wie ein guter Bekannter behandelt. Gelegentlich erfolgt ein Anruf, um festzustellen, wie zufrieden er mit dem letzten Auftrag war. Die Druckerei weiß, dass hier nicht mehr Aufträge zu akquirieren sind, dennoch wird Herr Maier nicht vergessen. Und das wird sich auszahlen. Denn Herr Maier wird in den nächsten Monaten den Arbeitsplatz wechseln. In der neuen Firma wird er für die Vergabe der Druckaufträge verantwortlich sein. Aus einem C-Kunden wird plötzlich ein A-Kunde. Für die Druckerei wird es sich auszahlen, den Kontakt über lange Jahre so intensiv gehalten zu haben.

Immer wieder kommt es vor, dass das Potenzial von Kunden nicht erkannt wird. Da kommt ein Student mit einer „Rostlaube" zum Autohändler, um sich Ersatzteile zu besorgen, und wird behandelt wie ein Taschendieb. Er wird diesen Eindruck in Erinnerung behalten und dies kann sich rächen, wenn er zwei Jahre später seinen Neuwagen anderswo kauft.

→ Begegnen Sie jedem Kunden mit Wertschätzung. Auch Kunden, die nicht viel bei Ihnen kaufen!

Unabhängig davon, welchen Umsatz Kunden machen, ist jeder Kunde ein Multiplikator, der sich positiv oder negativ über ein Unternehmen äußern kann. Positive Äußerungen eines C-Kunden im Bekanntenkreis können dem Unternehmen potenzielle A-Kunden zuführen. Negative Mundpropaganda kann dagegen vielfach großen Schaden verursachen.

Pflegen Sie vor allem Ihre Stammkunden!

Grundsätzlich lassen sich drei verschiedene Kundentypen unterscheiden: Neukunden, Stammkunden und verlorene Kunden. In der Regel sind A-Kunden auch Stammkunden und auf diese sollte ein Unternehmen sein Hauptaugenmerk richten.

In der Praxis belohnen viele Unternehmen aber vor allem Neukunden mit Prämiensystemen, Provisionen und Boni. Die Anzahl der gewonnenen Neukunden wird gemessen, auf Schaubildern und Grafiken

89

verdeutlicht und ist vielen Mitarbeitern präsent. Wie viele Stammkunden jedoch gehalten werden konnten und welche Bedeutung diese für die Wertschöpfung eines Unternehmens haben, ist dagegen vielen Mitarbeitern und wohl auch vielen Chefs nicht klar.

Kundenbindung mit Maß und mit Ziel

Der Akquiseaufwand für die Gewinnung jedes neuen Kunden beträgt ein Mehrfaches vom Aufwand, den man betreiben muss, um einen Stammkunden zu halten und dauerhaft zu binden. Die Faustformeln, die dafür genannt werden, schwanken zwischen dem Faktor 5- bis 7-fach.

Neukunden
→ hoher Aufwand
→ hohe Kosten
→ hohe Streuverluste

→

geringer Ertrag,
da unsicherer Umsatz
⇩
keine
Planungssicherheit

Stammkunden

→ niedriger Aufwand
→ geringe Kosten
→ weniger
   Strueverlust

→

hoher Ertrag,
da kontinuierlicher
Umsatz
⇩
hohe
Planungssicherheit

Neukunden

Jedes Unternehmen braucht Neukunden. Da immer eine gewisse Anzahl an Kunden abwandern wird, ist es nötig, diesen Verlust kontinuierlich auszugleichen. Unternehmen, die vor allem auf Neukundengewinnung setzen, beschäftigen jedoch oft umsatzstarke und abschlussorientierte „Verkaufskanonen", denen es auf schnellen Gewinn und nicht auf Kundenbindung ankommt.

„Ein Neukunde für uns und eine interessante Prämie für Sie!" So werden meist Prämien für Neukunden ausgelobt. Mit Erfolg. Viele Stammkunden entschließen sich dazu, Freunde und Bekannte zu werben. Doch Achtung: Ist die Prämie zu hochwertig, dann kann der Effekt genau ins Gegenteil umschlagen: Die Stammkundenloyalität lässt nach: Bei einer (zu) hohen Prämie wird es auch für Stammkunden attraktiv, zu kündigen und sich später unter eigenem oder anderem Namen wieder werben zu lassen. Gerade bei Tageszeitungen gibt es viele, die dauerhaft Schnupperabonnenten sind und sich jeweils reihum werben. Eine zu hohe Prämie kann zudem sowohl Stammkunden als auch Neukunden stutzig machen: Offensichtlich zahlen Kunden ja zu viel, wenn noch Geld für solch aufwändige Prämien vorhanden ist. Fazit: Loben Sie Prämien aus, aber seien Sie eher zurückhaltend, was deren Wert betrifft (siehe auch „Reaktanzfalle", Kap. 3.5).

Das Anbieten von Prämien hat drei entscheidende Vorteile:

→ Sie werden an Neukunden kommen.
→ Ihre bestehenden Kunden werden durch eine aktive Weiterempfehlung noch stärker an Ihr Unternehmen gebunden.
→ Sie haben einen wunderbaren Aufhänger, um mit Ihren Kunden wieder in Kontakt zu treten. Sie stehen also in Dialog mit Ihren Kunden.

Überlegen Sie, in welcher Form Sie Prämien anbieten möchten. Viele Autohändler geben ihren Kunden beispielsweise ein Gutscheinheft mit, auf dem vermerkt ist, was es an Prämien für die Vermittlung eines Neukunden gibt. Es ist einleuchtend, dass dieses Gutscheinheft nicht sofort weggeworfen wird.

Sie können auch auf Ihren Internetseiten einen Bereich eröffnen, in dem monatlich neue Werbeprämien vorgestellt werden – so animieren Sie gleichzeitig Ihre Stammkunden, die Homepage wieder zu besuchen.

Stammkunden

Stammkunden zu halten, ist weitaus günstiger, als Neukunden zu gewinnen. Da bei Stammkunden keine Akquisekosten mehr anfallen, sie gezielter angesprochen und so Streuverluste vermieden werden können, bedeutet dies einen höheren Gewinn. In vielen Unternehmen rentiert sich ein neu gewonnener Kunde erst nach dem dritten oder vierten Auftrag. Daher sollte das Ziel jedes Unternehmens sein, Stammkunden zu halten. Durch Kundenbindung eben.

Untersuchungen der Preis- und Rabattstrukturen unterschiedlicher Unternehmen haben festgestellt, dass meist die Neukunden die höchsten Rabatte und die günstigsten Preise erhalten. Am besten gestellt sind Neukunden, die von einem Unternehmen zum anderen wechseln. Am schlechtesten gestellt sind Stammkunden, die nicht regelmäßig auf eine Neuverhandlung von Preisen und Konditionen drängen.

➜ Lassen Sie bei Ihren guten Kunden nicht den Eindruck entstehen, als sei es eine Strafe, Stammkunde zu sein.

Mehrwertprogramm für Stammkunden

Durch ein Mehrwertprogramm eröffnen Sie Ihren guten Kunden den Zugang zu interessanten Vorteilsleistungen.

Vorteile für den Kunden

➜ Maßnahmen (z. B. Bonusprogramme, Treueprämien), mit denen er Geld spart

➜ Individuelle Informationen und Angebote

➜ Mehr Sicherheit z. B. durch eine für Vorteilskunden kostenlose Rücksendung oder eine zusätzliche Garantie- oder Versicherungsleistung

➜ Der Kunde bekommt das gute Gefühl, ein VIP zu sein und zu einem exklusiven, bevorzugten Kreis zu gehören (Kundenclubs, Premium-Content im Internet etc.)

Vorteile für das Unternehmen

➜ Stärkere Bindung des Kunden an das Unternehmen

➜ Differenzierung gegenüber Mitbewerbern

➜ Möglichkeit, über das Mehrwertprogramm Cross-Selling (siehe Kap. 4.8) zu betreiben

➜ Bislang schon bestehende Zusatzleistungen werden durch Integration in Mehrwertprogramme aufgewertet

➜ Netzwerkerweiterung

➜ Imageaufwertung

Der Kundenkreislauf

Natürlich gibt es Kunden, die unwiederbringlich für ein Produkt oder eine Dienstleistung verloren gehen – ein Privatkunde verstirbt, eine Firma wir liquidiert, Arbeits- oder Lebensumstände verändern sich gravierend und machen Bedarf obsolet. Vielfach bleiben verlorene Kunden jedoch dem Markt erhalten und landen beim Wettbewerb. Man kann von einem Kundenkreislauf sprechen. Grundsätzlich gibt es die beiden Möglichkeiten, Neukunden oder zurückgewonnene Kunden zu Stammkunden zu machen.

Neukunden

→ Kontinuierlich Sockel an Neukunden akquirieren, um natürliche Kundenabwanderung zu kompensieren

→ Geringer Kundenbindungsaufwand

→ Potenzial erkennen, gegebenenfalls Aufwand erhöhen

Stammkunden

→ Halten und binden

→ Hoher Kundenbindungsaufwand gerechtfertigt

→ Bei drohender Abwanderung gegebenenfalls Aufwand intensivieren

Verlorene Kunden

→ Befragen: Jeder unzufriedene Kunde ist gewissermaßen ein kostenloser Unternehmensberater. Nutzen Sie diese Chance!

→ Reaktivieren: Versuchen Sie, den Kunden zurückzugewinnen

Verlorene Kunden

Hier lohnt es sich nachzuhaken, weswegen diese Kunden nicht mehr kaufen – Kunden sind gewissermaßen ein kostenloser Unternehmensberater. Fragen Sie nach! So entdecken Sie Verbesserungspotenziale für Ihr Unternehmen und haben gleichzeitig die Chance, diese Kunden wieder für sich zu gewinnen. Vielfach sind erfolgreich zurückgewonnene Kunden noch fester an ein Unternehmen gebunden (siehe auch Kap. 4.7).

Führen Sie eine gut strukturierte Kundendatei!

Vor dem Hintergrund einer gut strukturierten Kundendatei können Sie Ihre Kundenbindungsaktivitäten gezielt planen. Eine Kundendatei beinhaltet mehr als Adresse und Telefonnummer. Hier sollten auch persönliche Anmerkungen festgehalten werden. Viele Verkäufer vermerken so auch in der Kundendatei die Kaufmotive, denn für die zukünftige Kundenkommunikation ist es entscheidend, auch noch nach einem längeren Zeitraum zu wissen, ob Herr Müller das Fahrzeug gekauft hat, weil es prestigeträchtig oder weil es besonders sicher war.

Mögliche Informationen in einer Kundendatei:

→ Geburtstage und Jubiläen
→ Hobbys
→ Kontakte zu anderen Entscheidern
→ Wissensbereiche, für die sich der Kunde interessiert
→ Kaufmotive

Gerade mit zusätzlichen Informationen lassen sich individualisierte Maßnahmen durchführen. Sorgen Sie dafür, dass alle Mitarbeiter einen genauen Leitfaden haben, was wie einzutragen ist. Erst von einer gepflegten Kundendatenbank werden Sie wirklich profitieren. Standardsoftware zum Customer Relationship Management (CRM) kann Sie hier unterstützen.

Eine nicht unwichtige Verwendung der Daten: die Auswahl der Weihnachtsgeschenke. Wer hier individuell schenken kann, ragt heraus aus der Masse derer, die nur die üblichen Standardartikel verteilen. Dazu müssen sich in der Datenbank auch hinreichend viele Informationen finden, die nicht direkt mit dem Geschäftsabschluss zu tun haben (Liebhaber von Rotweinen, allergisch gegen Blumen usw.).

4.3.2 Die Kunden richtig binden

Nicht jeder Kunde reagiert auf die gleichen Kundenbindungsmaß-nahmen (siehe auch Kap. 3.1.3). Ganz allgemein lässt sich aber Folgendes sagen.

➜ Je individueller die Kundenkommunikation und je höher der realisierte Kundennutzen, umso wirkungsvoller und nachhaltiger ist die Kundenbindung.

4.4 Servicequalität und Kundenzufriedenheit

4.4.1 Die drei Säulen der Servicequalität

Service rund um Produkt oder Dienstleistung gewinnt zunehmend an Bedeutung. Service kann die gesamte Dienstleistung umfassen oder sich nur auf das beziehen, was der Kunde neben dem Produkt noch wahrnimmt – also Zusatzprodukte, Extras, Serviceleistungen im engeren Sinne, die Kinderspielecke im Geschäft usw. Im Folgenden beziehen wir in Bezug auf den Begriff „Service" das Produkt oder die Kerndienstleistung mit ein, verwenden also den umfassenderen Begriff.

Servicequalität ruht auf drei Säulen: Produkt/Dienstleistung, Organisation und Person. Bricht eine dieser Säulen, fällt das gesamte Qualitätsgebäude in sich zusammen. Von Kundenorientierung kann dann keine Rede mehr sein. Eine Mindestanforderung an jedes kundenorientierte Unternehmen: Alle drei Säulen sollten tragend sein ...

Die drei Säulen der Servicequalität

Beispiele
Prod = Produkt/Kerndienstleistung / Org = Organisation / Pers = Person

Prod		Das ging ja blitzschnell! Herr Müller ist erleichtert. Als er nach dem Crash seines neu erworbenen Computers einen Servicetechniker ordert, hat der freundliche und zuvorkommende junge Mann tatsächlich innerhalb von zwei Stunden die wichtigsten Daten von der Festplatte gesichert. Auch dass er für die Zeit der Reparatur ein Leihgerät erhält, weiß er wirklich zu schätzen. Nur eines störte: Grund für den Absturz waren offensichtlich billigste Bauteile. Von einem Profigerät hatte Herr Müller mehr erwartet. Er wird sich das nächste Mal für einen anderen Anbieter entscheiden.
Org	☺	
Pers	☺	

Prod	☺	Na endlich! Frau Maier ist schon leicht genervt. Mit dem jetzt schon drei Jahre alten Notebook war sie immer zufrieden: Ein super Produkt. Dass es aber so schwierig sein kann, bei einer kleinen Frage Support zu erhalten, hätte sie sich nicht träumen lassen. Das ist jetzt schon der dritte Anruf. Das erste Mal flog sie aus der Leitung, das zweite Mal wurde sie falsch verbunden. Nun endlich kann sie ihr Anliegen vorbringen. Nett und freundlich ist die Mitarbeiterin ja. Auch die Fragen, die sie stellt, zeugen von fachlicher Kompetenz. Aber irgendwie scheint das Ganze organisatorische Mängel zu haben.
Org		
Pers	☺	

Prod	☺	Die behandeln einen ja wie den letzten Dreck! Herr Schmidt ist erbost. Eigentlich wollte er sein Notebook aufrüsten lassen, denn er war mit der Verarbeitung und der Rechnerleistung immer sehr zufrieden. Auch war die letzte Bestellung, eine externe Festplatte innerhalb von zwei Tagen bei ihm im Briefkasten. Aber dass er jetzt am Telefon richtiggehend „vorgeführt" wird, das bringt ihn jetzt auf die Palme.
Org	☺	
Pers		

→ **Reflexionsaufgabe**

1. *In den voranstehenden Beispielen ist jeweils einer der Faktoren negativ, was ausreicht, um den Kunden zu verlieren. Vergegenwärtigen Sie sich zu allen drei Faktoren die Situation in Ihrem Unternehmen:*
   - → *Prod: Was ist das Besondere an Ihrem Produkt / Ihrer Dienstleistung? Wie können Sie diese verbessern?*
   - → *Org: Wie kann Ihre Organisation verbessert werden? Wie hoch ist die Reaktionsgeschwindigkeit?*
   - → *Pers: Was zeichnet Ihre Mitarbeiter aus? Worin sind diese besonders qualifiziert? Freundlichkeit? Kompetenz? Ruhe?*

2. *Hatten oder haben Sie Situationen, wo es Fehler bei mehreren der Einflussfaktoren gab? Im ungünstigsten Fall gibt es bei allen Faktoren Probleme und Sie erfahren Kundenäußerungen in dem Sinne „... hier stimmt ja gar nichts". Priorisieren Sie, wie Sie in einem solchen Falle die Lösung angehen würden.*

4.4.2 Kundenbindung durch Qualitätssicherung

Servicequalität entsteht nicht durch Zufall, sondern ist Ergebnis eines konsequenten Managements. Machen Sie sich mit den einzelnen Qualitätswerkzeugen vertraut und steigern Sie so Ihre Kundenbindung durch zufriedene Kunden.

1. Kundenerwartungen kennen:

Verschaffen Sie sich Informationen über Kundenerwartungen.

Beispiele für Qualitätswerkzeuge:
- → Kundengespräche, Kundeninterviews
- → Kundentag
- → Auswertung von Fachzeitschriften
- → Kundenwunschkarte („Smiley-Karte")
- → Rückmeldungen verärgerter Kunden auswerten

2. Standards definieren

Erarbeiten Sie gemeinsam Standards oder geben Sie klare Anweisungen vor, die für alle Mitarbeiter verständlich und anwendbar sind. Besonders wiederkehrende Aufgaben sollten klar definiert werden.

Beispiele für Qualitätswerkzeuge:

→ Leitfaden für neue Mitarbeiter

→ Firmenleitbild mit Vision/Mission (Strategie) und Werten

→ Checklisten und Arbeitsabläufe

3. Standards einhalten

Natürlich können Sie alles kontrollieren. Einfacher und sicherer ist es jedoch, die Mitarbeiter sind motiviert und geschult.

Beispiele für Qualitätswerkzeuge:

→ Regelmäßige Mitarbeiterbesprechungen

→ Befragungen zur Mitarbeiterzufriedenheit

→ Entwicklungsgespräche mit Mitarbeitern

→ Schulungen und Fortbildungsmaßnahmen

4. Versprechungen erfüllen

Allen Mitarbeitern ist die Außendarstellung des Unternehmens bekannt. Vor allem die damit geweckten Erwartungen sollten allen bewusst sein.

Beispiele für Qualitätswerkzeuge:

→ Teambesprechung: Was erwarten unsere Kunden von uns?

→ Allen ist klar, dass Versprechen gegenüber dem Kunden einzuhalten sind

→ Mitarbeiter werden über laufende Marketingaktivitäten informiert

→ Informationspunkt „Schwarzes Brett" wird eingerichtet

5. Kundenzufriedenheit kennen

Nur durch die Kenntnis der Kundenzufriedenheit können Sie die eigene Leistung bewerten. Interessant wird eine Messung der Kundenzufriedenheit im Zeitverlauf. Hier wird deutlich, ob Maßnahmen zur Kundenorientierung Erfolg zeigen.

Beispiele für Qualitätswerkzeuge:

→ Gezielte Interviews über Kundenzufriedenheit

→ Rückfrage bei Kunden

→ Einsatz von Testpersonen

→ Aktives Beschwerdemanagement

4.5 Den (eigenen) Markt kennen lernen

4.5.1 Marktsegmentierung heißt Kundenwünsche erkennen

Ihre Kunden haben unterschiedliche Bedürfnisse, die durch unterschiedliche Produkte befriedigt werden können. Oftmals ist es noch nicht einmal nötig, unterschiedliche Produkte oder Dienstleistungen anzubieten, sondern es wird einfach ein anderer Nutzen verdeutlicht.

Splitten Sie Ihren Markt in unterschiedliche Kundengruppen auf. Entscheidend ist nicht, eine bis ins kleinste Detail ausgearbeitete Segmentierung zu entwickeln, sondern durch grobe Segmentierungen Ihre Kunden noch besser zu verstehen.

→ „Wer nicht in Segmenten denkt, denkt nicht über Marketing nach." (Ted Levitt)

Die einfachste Segmentierung ist die geografisch-regionale Segmentierung. Mögliche Fragestellungen: Aus welcher Region kommt mein Kunde? Stadt- oder Landbevölkerung? Aus welchen Bundesländern kommen meine Kunden?

Eine weitere Möglichkeit besteht darin, nach demografischen Merkmalen zu segmentieren: Alter, Einkommen, Beruf, Bildung, Familienstand und so weiter.

Eine der wichtigsten Segmentierungen, die Sie treffen können, ist die nach verhaltenswissenschaftlichen Merkmalen: Wie begeistert ist der Kunde dem Produkt gegenüber eingestellt? Welche Kunden zeigen hohes Interesse für mein Unternehmen, welche sind mir gegenüber eher ablehnend eingestellt?

Fallstory Goldschmiede

Herr Müller ist Inhaber einer kleinen Goldschmiede. Er ist zufrieden, denn die Arbeit, die gesamte Kundenkartei neu zu ordnen, hat sich gelohnt. Bislang bekamen alle Kunden ein einheitliches Direkt-Mailing. Jetzt ist es anders: Durch neue Kriterien in seiner Kundenkartei kann Herr Müller jetzt seine Kunden gezielter ansprechen.

Bislang hatte er eher Briefe mit Allgemeinplätzen verschickt. Von schönem Schmuck war die Rede. Jetzt ist es anders: Dem eher jungen und preisbewussten Teil seiner Kundschaft lässt er Flyer mit Angeboten zum Modeschmuck zukommen, während die eher gut situierte und ältere Kundschaft Unterlagen zu hochwertigem und exklusivem Designerschmuck zugesandt bekommt. Die Resonanz ist deutlich besser als bisher.

→ **Praxisaufgabe**

Überlegen Sie: Welche Kundengruppen können Sie bei sich im Unternehmen bilden?

Reduzieren Sie alle auf höchstens fünf wichtige und klar definierbare Typen.

4.5.2 Orientieren Sie sich ständig am Markt

Kundenbindung bedeutet nicht, alles beim Alten zu lassen und sich nicht zu ändern. Kundenbindung bedeutet vielmehr, aktiv in einen längerfristigen Dialog mit Ihren Geschäftspartnern einzusteigen. Was gestern ein Kundenbedürfnis war, muss nicht zwingend morgen auch noch eines sein. Halten Sie laufend Kontakt zu Kunden und reagieren Sie auf Veränderungen in den Wünschen und Bedürfnissen Ihrer Stammkunden.

Als Notwendigkeit am deutlichsten wird dies, wenn Sie in einem Geschäftsfeld tätig sind, das sich regelmäßig und/oder stark wandelt und Ihnen Innovation abverlangt. Denken Sie beispielsweise an ein Spezialgeschäft für Bürokommunikation, das sich nach dem Verschwinden der mechanischen Schreibmaschinen auf elektrische umgestellt hatte und dann auf Verkauf und Reparatur von Faxgeräten spezialisiert hat. Nach und nach wurden immer mehr Stammkunden gewonnen. Man hoffte, auf diese Weise die nächsten Jahre erfolgreich tätig zu sein. Doch diese Hoffnung war trügerisch. Mehr und mehr der Kunden nutzen das Fax nur noch in Ausnahmefällen. Immer stärker läuft deren Kommunikation über E-Mail und Internet. Hier muss der Inhaber reagieren und eine neue Leistung für seine Stammkunden entwickeln.

Veränderungen und Trends beachten

→ Ist es noch sinnvoll, mit Ökologie zu werben?

→ Ist unsere Art der Kommunikation mit unseren Kunden noch zeitgemäß? Viele Kunden möchten lieber E-Mails statt Faxe.

→ Haben sich die Wünsche und Bedürfnisse der Kunden gewandelt? In welche Richtung?

→ Besteht die Gefahr, dass mein Markt völlig verschwindet? Wenn durch technische Innovationen ganze Berufszweige wegfallen, dann nützt mir die beste Kundenbindung nichts mehr.

→ Auf Ihre Branche bezogen: In welche Richtung wird geforscht und entwickelt?

→ In welcher Weise hat sich der Markt in den letzten Jahren verändert?

→ Wie wird sich der Markt Ihrer Meinung nach in den nächsten Jahren entwickeln?

4.5.3 Machen Sie sich unverwechselbar!

Je einmaliger Ihre Produkte oder Ihre Dienstleistungen sind, desto weniger schnell wird Ihr Kunde einen alternativen Anbieter wählen. Unternehmen, die sich sehr stark von ihren Mitbewerbern unterscheiden, haben in der Regel eine hohe Kundenbindung. Es leuchtet ein: Wenn Sie dasselbe Produkt, denselben Service auch anderswo finden, warum sollten Sie dann nur bei dem bisherigen Lieferanten kaufen?

Die Chance darauf, nicht austauschbar zu sein, steckt dabei nicht nur im Produkt selbst, sondern auch in der Präsentation und im gesamten Umfeld. Der Weinhändler, der beispielsweise zu jedem seiner Weine eine ganz persönliche Geschichte weiß, wird treue Kunden gewinnen. Die Kunden kaufen bei ihm dann nicht nur einen Wein, sondern sie nehmen gleichzeitig an den Erinnerungen und Erlebnissen des Weinhändlers teil.

Überlegen Sie: Warum kauft ein Kunde ausgerechnet bei Ihnen? Was ist das Besondere, das Einmalige Ihrer Dienstleistungen oder Produkte? Wenn Sie viele Stammkunden besitzen, verfügt Ihr Unternehmen wahrscheinlich auch über eine ausgeprägte USP.

USP steht für „Unique Selling Proposition", was wörtlich so viel bedeutet wie „einzigartige Verkaufsvoraussetzung". Unternehmen mit einer starken USP verfügen so über ein „Alleinstellungsmerkmal", das sie von anderen Unternehmen der Branche unterscheidet.

→ Nur wenn Sie Ihre USP genau kennen, können Sie Ihre Marketingaktivitäten bündeln und sich so von Ihren Wettbewerbern differenzieren.

Fallstory kleiner Elektrofachhandel

Bruno Ludwig betreibt einen kleinen Elektrofachhandel. Neben Küchengeräten bietet er vor allem Elektronikkleinteile wie Schalter, Buchsen oder Kabel für Bastler an.

Und genau hier liegt seine eigentliche Stärke. Natürlich verkauft er hin und wieder auch einen Staubsauger oder eine Küchenmaschine. Seine eindeutige USP aber liegt darin, den Bastlern jedes gewünschte Bauteil zu liefern. So kursiert im Ort unter den Bastlern das geflügelte Wort: „Wenn Bruno Ludwig es nicht hat, hat es niemand." Und genau darauf setzt Herr Ludwig. Er möchte den großen Discountern gar keine Konkurrenz machen, sondern er hat sich auf etwas spezialisiert, was ihn für seine Kunden einzigartig macht.

Einige Beispiele für die USP verschiedener Unternehmen:

→ Wir sind ausschließlich für eine Branche tätig und haben daher besonders tief gehende Erfahrungen.
→ Wir liefern innerhalb von drei Stunden und sind damit deutlich schneller als die Mitbewerber.
→ Wir haben die größten Schnitzel im ganzen Land.
→ Bei uns können Sie alles umtauschen.

→ **Praxisaufgabe**

Finden Sie für Ihr Unternehmen Ihre ganz individuelle USP! Fragen Sie dazu Ihre Mitarbeiter und Ihre Kunden. Oftmals werden Sie so viel zutreffendere Rückmeldungen erhalten, wie Sie im Markt gesehen werden, als wenn Sie sich selbst womöglich „in die Tasche lügen".

4.6 Wechselbarrieren zur Kundenbindung nutzen

Wechselbarrieren machen es Kunden mehr oder weniger schwer, einen Anbieter zu verlassen. Sie können psychologischer, ökonomischer, praktischer oder rechtlicher Natur sein.

→ **Psychologische Wechselbarrieren:** Beispiele für psychologische Wechselbarrieren sind beispielsweise Dankbarkeit gegenüber dem Unternehmen, Lokalpatriotismus, Stolz, persönliche Vertrauensbeziehungen und vieles mehr.

→ **Ökonomische Wechselbarrieren:** Hier verursacht ein Wechsel bezifferbare Kosten. Beispielsweise werden bei einer Änderung in der Produktion möglicherweise andere Maschinen erforderlich, müssen Mitarbeiter in Bezug auf eine neue Technik geschult werden oder es fallen Austrittsgebühren an.

→ **Praktische Wechselbarrieren:** Ein typisches Beispiel sind die mittlerweile sehr günstig angebotenen Tintenstrahldrucker. Die dazugehörigen Tintenpatronen sind dagegen oft recht teuer. Die Hersteller sichern sich diese Zusatzumsätze, indem sie dafür sorgen, dass in den Druckern immer nur jeweils die Originalpatronen benutzt werden können.

→ **Rechtliche Wechselbarrieren:** Eine sehr bekannte Wechselbarriere sind Handyverträge. Hier wird ein Vertrag über eine bestimmte Laufzeit abgeschlossen und der Kunde damit rechtlich für eine bestimmte Zeit an den Netzbetreiber bzw. den Vertragspartner gebunden.

Veranschaulichung der Begriffe

Thilo Schneider hat ein neues Handy. Dass er sich damit vertraglich für zwei Jahre an einen Netzbetreiber bindet (rechtliche Wechselbarriere), nimmt er bei der günstigen Grundgebühr und den günstigen Minutenpreisen in Kauf. Er denkt zurück an die Zeit, in der es noch Autotelefone über das C-Netz gab. Mit seinem Telefon konnte er nicht einfach zu einem anderen Anbieter wechseln, denn das C-Netz hatte ja eine völlig andere Technik (praktische Wechselbarriere). Mittlerweile besitzt er jedoch schon seit knapp zwei Jahren ein D2-Handy und der Vertrag läuft aus (rechtliche Wechselbarriere). Er liebäugelt schon länger mit einem Wechsel zu E-Plus und jetzt kann er ja sogar seine Handynummer behalten. Visitenkarten und Briefpapier müssen also nicht neu gedruckt werden (ökonomische Wechselbarriere).

→ Binden Sie Ihre Kunden, ohne ihnen Fesseln anzulegen.

Psychologische Wechselbarrieren erfüllen diesen Anspruch: Positive Erlebnisse und Zufriedenheit, der Aufbau persönlicher Beziehungen, die Vermittlung von Exklusivität etc. binden, ohne zu fesseln. Offensichtliche Wechselbarrieren dagegen rauben Ihren Kunden das Gefühl der Freiheit und sorgen für negative Mundpropaganda. Kundenbindung durch rechtliche oder ökonomische Wechselbarrieren sollten Sie daher nur dann ins Auge fassen, wenn Sie die Marktposition innehaben, diese Wechselbarrieren auch durchzuhalten. Und das wird auf Dauer kaum gelingen.

Wer Kunden fesselt, statt zu binden, braucht sich nicht zu wundern, wenn sie sich losreißen möchten. Achten Sie besonders darauf, zu großen Druck zu vermeiden. Instinktiv reagieren Kunden sonst auf zwei Arten: Angriff oder Flucht.

→ Angriff: Kunde versucht, sich loszureißen, indem er Sie angreift: „Unbegründete" Reklamationen sind klare Zeichen für diese Reaktion.

→ Flucht: Kunden versuchen, wo es geht, Alternativen zu finden. Kunden, die in einem Bereich „gefesselt" sind, werden sich in anderen Bereichen anderweitig orientieren.

Rabattheftchen und Kundenkarten

Bilden Sie Austrittsbarrieren mit Rabattsystemen. Ziel ist es, die Kunden dazu zu bewegen, immer wieder beim selben Händler einzukaufen. Hilfreich sind hier Systeme, die den „Erfolg" nach hinten verlagern, bei denen also „gesammelt" werden muss. Beispiele:

→ Treue-Karte
→ Treue-Punkte
→ Bonus Card

Früher waren die Rabattmarkenheftchen weit verbreitet. Nach der Währungsreform bis in die 70er-Jahre hinein war das Ausschnippeln und Sammeln von Rabattmarken ein beliebter Sport und heute erleben die Rabattheftchen wieder eine Renaissance. Besonders für den Einzelhandel sind sie eine geeignete Maßnahme in Richtung stärkerer Kundenbindung. Ob Friseurbesuch, ob Kaffee beim Bäcker oder der Mittagstisch im Restaurant. Für Rabattheftchen sind nahezu alle wiederkehrenden Einkäufe geeignet.

Vor allem größere Unternehmen setzen statt auf Rabattheftchen immer stärker auf Kundenkarten. Da hier die Umsätze elektronisch erfasst werden, können die gewonnenen Daten auch zur Marktforschung benutzt werden.

Gründe für diesen aktuellen Kundenkartenboom:
→ Fehlende Kundennähe durch anonyme Einkaufszentren
→ Die Treuequote nimmt allgemein ab (Stichwort: „Smart Shopper", „Variety-Seeker" ...)
→ Preissensitivität der Kunden nimmt zu
→ Technische Möglichkeiten nehmen zu

→ Kundenkarten und Rabattheftchen wecken Urinstinkte beim Kunden: Jagen und Sammeln.

4.7 Reklamationen als Chance nutzen

Erstaunlich, aber wahr: Nur ca. ganze 5 Prozent der unzufriedenen Kunden reklamieren. Alle anderen schlucken den Ärger, kündigen stillschweigend die Geschäftsbeziehung oder betreiben negative Mundpropaganda. Jeder Kunde, der reklamiert, zeigt damit, dass er uns die Chance gibt, die Beziehung zu retten.

Ein reklamierender Kunde will eine schnelle und kulante Behebung seiner Beanstandung. Es gilt also, schnell zu handeln. Auf keinen Fall darf die Bearbeitung einer Reklamation hinausgezögert werden, auch wenn es für den Moment unangenehm sein mag.

→ Eine Reklamation ist gewissermaßen eine kostenlose Unternehmensberatung. Und zwar von Beratern, die Ihr Unternehmen vielfach besser kennen als ein Unternehmensberater.

Durch eine Reklamation erhalten wir Rückmeldungen über Schwachstellen im Unternehmen und können so organisatorische oder technische Verbesserungen einleiten.

→ Machen Sie es Ihren Kunden so einfach wie möglich, sich zu beschweren.

Eine der einfachsten und schnellsten Beschwerdemöglichkeiten besteht aus einer Karte, bei der auf einer Seite ein Pluszeichen, auf der anderen ein Minuszeichen vermerkt ist. Bitten Sie den Kunden, doch einfach ein Stichwort oder einen Satz auf jede Seite zu schreiben. Sie werden überrascht sein, wie einfach und schnell Sie dadurch Beschwerden und Rückmeldungen erhalten.

Bieten Sie Ihren Kunden also, wo immer es geht, die Möglichkeit, sich zu beschweren. Ein schlechtes Beispiel ist eine endlose Warteschleife, an deren Ende der Kunde gebeten wird, nochmals anzurufen. Noch schlimmer ist es, wenn der Kunde keine direkte Durchwahl oder keinen direkten Ansprechpartner vorliegen hat und darauf angewiesen ist, abzuwarten, was das Unternehmen zurückschreibt.

Fallstory: Unzureichende Geschäftszeiten / keine Erreichbarkeit
Es ist Freitagmittag und Herr Maier ist verärgert über die Druckerei, bei der er Broschüren bestellt hatte, die er am Wochenende benötigt. Diese liegen ihm zwar vor, allerdings in einer viel zu geringen Stückzahl. Am Telefon erreicht er nur noch eine Bandansage: „Unsere Telefonzeiten sind Montag bis Freitag von 9 bis 12.30 Uhr. Außerhalb dieser Zeit hinterlassen Sie bitte eine Nachricht." Herr Maier hinterlässt eine Nachricht. Viel Hoffnungen macht er sich nicht, am selben Tag noch zurückgerufen zu werden. Seine Verärgerung steigt von Minute zu Minute.

Umgang mit Barrieren bei erfolgreichem Beschwerdemanagement:

→ Angst: Sorgen Sie dafür, dass sich Kunden beschweren können, ohne Angst zu haben, dass ihnen dadurch Nachteile entstehen könnten.

→ Trägheit: Kunden beschweren sich oft nicht von allein. Ermutigen Sie Kunden, Kritik zu äußern.

→ Zynismus: Manche Kunden haben sich schon einmal beschwert. Wenn sich damals nicht wirklich etwas geändert hatte, kann dies leicht in Zynismus umschlagen. Warum sich beschweren, wenn ohnehin nichts passiert.

→ Zeitliche und räumliche Entfernung: Sorgen Sie dafür, dass sich Kunden schriftlich, per E-Mail, per Telefon oder persönlich beschweren können.

→ Sprechen Sie die Sprache Ihrer Kunden.

Achten Sie darauf, dass in Ihrem Unternehmen Reklamationen als das gesehen werden, was sie oft auch sind: Ehrliche Rückmeldungen von Kunden an Ihr Unternehmen.

Neben einer konstruktiv-kritischen Sicht auf das Unternehmen bietet eine Reklamation noch weitere Chancen: Sogar die Möglichkeit eines Zusatzgeschäfts. So haben Untersuchungen gezeigt, dass Kunden, deren Reklamation schnell und zufrieden stellend bearbeitet wurde, dem Unternehmen noch stärker die Treue halten als die „Durchschnittskunden". Gemeinsam bewältigte Probleme scheinen die Kundenbeziehung zu festigen.

4.8 Binden Sie Kunden durch Cross-Selling

Binden Sie Ihre Kunden, indem Sie sog. Cross-Selling betreiben. Wenn Sie unterschiedliche Angebote miteinander verknüpfen, haben Sie eine hervorragende Möglichkeit, immer wieder mit Ihren Kunden in Kontakt zu treten. Bei der Kaffeemaschine kann dies die Belieferung mit Kaffee sein, der Buchhändler bietet zum italienischen Kochbuch gleich die entsprechenden Teigwaren an oder der Möbelhersteller liefert auch die passende Tapete. Oftmals bietet es sich auch an, gemeinsam mit geeigneten Kooperationspartnern die Kunden anzusprechen. So bringen sich beide Anbieter in Erinnerung und halbieren ihre Kontaktkosten. Cross-Selling kann auch das Bedürfnis Ihrer Kunden nach Abwechslung befriedigen (siehe Kap. 3.6).

4.9 Zusammenfassung

→ Treffen Sie eine Grundsatzentscheidung: Wollen Sie Ihre Kunden über eine Produkt- oder Kostenführerschaft oder im Rahmen einer Kundenpartnerschaft binden? Wollen Sie neue Kunden gewinnen oder vorhandene binden?

→ Ermitteln Sie in Ihrer Organisation die Schnittstellen zum Kunden, an denen Ihre Kundenorientierung zu wünschen übrig lässt.

→ Verankern Sie das Ziel der Kundenorientierung bei Ihren Mitarbeitern: Alle müssen am selben Strang ziehen.

→ Konzentrieren Sie sich auf Ihre wirklich wichtigen Kunden, indem Sie diese nach Kaufpreishöhe und Kauffrequenz in A-, B- und C-Kunden einteilen und so Ihren Kundenbindungsaufwand ganz gezielt einsetzen.

→ Pflegen Sie vor allem Ihre Stammkunden: Stammkunden erwirtschaften den größten Umsatz bei im Vergleich zur Neukundenakquise fünfmal geringeren Kommunikationskosten.

→ Servicequalität und Qualitätssicherung helfen, Kunden zu binden. Nutzen Sie die einzelnen Qualitätswerkzeuge.

→ Segmentieren Sie Ihren Markt und treffen Sie so die Wünsche Ihrer Kunden. Passen Sie Ihr Verhalten ständig den veränderten Marktbedingungen und Kundenwünschen an.

→ Ermitteln Sie Ihre ganz spezielle USP (Unique Selling Proposition), um sich auf dem Markt einzigartig und für Ihre Kunden unentbehrlich zu machen.

→ Nutzen Sie Wechselbarrieren zur Kundenbindung.

→ Regeln Sie Reklamationen und Beanstandungen möglichst umgehend und werten Sie diese genau aus: Kritische Kunden sind kostenlose Unternehmensberater.

→ Binden Sie Kunden durch Kooperationen und Cross-Selling.

→ Aufgaben

1. *Überlegen Sie, welche Schritte Sie unternehmen müssen, um a) Preisführerschaft, b) Produktführerschaft und c) Kundenpartnerschaft als Hauptstrategie zu verfolgen.*

2. *Nennen Sie die fünf wichtigsten Kunden Ihres Unternehmens und überlegen Sie, welchen Umsatz Sie mit diesen Kunden erreichen.*

3. *Nennen Sie einige Beispiele für Mehrwertprogramme, mit denen Sie Ihre Stammkunden binden können.*

4. *Kundenbindung durch Qualitätssicherung:*

   → *Wodurch können Sie sich einen Überblick zu Kundenerwartungen verschaffen?*

   → *Wie können Standards definiert werden?*

   → *Wodurch können Standards eingehalten werden?*

   → *Wodurch können intern Kundenversprechen bekannt gemacht werden?*

   → *Wodurch können Sie Kundenzufriedenheit messen?*

5. *Finden Sie Beispiele für Wechselbarrieren in Ihrem Unternehmen!*

5 Kundenbindung hautnah: Umsetzung am Point of Sale

Lernziele
→ Sie erproben den „Perspektivenwechsel" und wenden ihn an, um Ihr Unternehmen durch Kundenaugen zu betrachten.
→ Sie erfahren, wie Sie Ihre Geschäftsräume kundenfreundlich gestalten.

5.1 Ungeschminkte Wahrnehmung

Wo immer Sie auch sein mögen: Lernen Sie Ihren Markt und Ihre Konkurrenz hautnah kennen.

Beispielsweise sollten Sie als Trainingsanbieter die Trainings von Mitbewerbern besuchen. Sie sehen dort nicht nur wie die Konkurrenz arbeitet, sondern auch, wie die Kunden sich verhalten. Als Verkäufer im Sportgeschäft sollten Sie auch im Skiurlaub mit Skifahrern über deren Probleme und Wünsche reden. Je genauer Sie Ihren Markt kennen, desto schneller werden Sie von Ihren Kunden als gleichwertiger Gesprächspartner akzeptiert.

Mit den Augen der Kunden sehen

Gehen Sie bepackt mit Notizblock und Videokamera durch Ihr Unternehmen und sehen Sie mit den Augen Ihrer Kunden. Rufen Sie – inkognito, versteht sich – bei sich selbst im Unternehmen an und hören Sie mit den Ohren der Kunden. Es kann überraschend und oft auch ernüchternd sein festzustellen, wo überall Verbesserungsmöglichkeiten zu finden sind.

Testkäufe und Testanrufe

Durch Testkäufe oder Testanrufe können Sie sehr schnell feststellen, welche Erfahrungen Ihre Kunden machen. Testkäufe oder Testanrufe brauchen Sie im ersten Schritt oft nicht von Profis durchführen zu lassen, sondern es genügt, diese Informationen durch Bekannte oder Geschäftspartner erheben zu lassen. Überlegen Sie selbst, welche Aspekte getestet werden sollen.

Hier einige Möglichkeiten:
- → Wie freundlich sind die Mitarbeiter?
- → Werden Zusatzangebote gemacht?
- → Wurde eine korrekte Auskunft gegeben?
- → Waren die Geschäftsräume sauber?
- → Wie ist der Umgang mit unbeholfenen Kunden?
- → Wie reagieren Ihre Mitarbeiter auf ungewöhnliche Wünsche?

5.2 Achten Sie darauf, dass sich Ihr Kunde wohl fühlt

Kundenzufriedenheit führt zu Kundenbindung. Und zufrieden sind Kunden, wenn sie sich wohl fühlen. Überlegen Sie, welche „Unwohlfallen" in Ihrem Unternehmen lauern. Beobachten Sie alles aus Sicht des Kunden.

In manchen Unternehmen wird am Telefon der Anrufer in der Warteschleife mit einer Grabesstimme gebeten: „Please hold the line!" In anderen Unternehmen kann ohne Eingabe der Kundennummer erst gar nicht weiterverbunden werden. Eliminieren Sie solche Fallen!

„Unwohlfallen" im Business-to-Business-Bereich:
- → Schwitzender oder stark riechender Mitarbeiter
- → Billigkekse
- → Zugluft oder stickige Luft im Besprechungsraum
- → Stühle, auf denen Kunden schlecht sitzen
- → Rasselnde Klimaanlage
- → Verkäufer, die zu eng „auf die Pelle rücken"

„Unwohlfallen" im Einzelhandel:
- → Flackerndes Neonlicht
- → Zugluft
- → Aufdringliche oder zu laute Musik
- → Unsauberkeit
- → Unangenehme Gerüche
- → Tote Insekten im Schaufenster

- → Eine Wohlfühlatmosphäre sollte alle Sinne umfassen.

Achten Sie darauf, welche Verbesserungsmöglichkeiten Sie finden.

→ **Hören:** Unangenehme oder laute Musik, Verkäufer, die sich über das letzte Wochenende unterhalten, oder lieber dezente Hintergrundmusik und Ruhe?

→ **Sehen:** Flackerndes Neonlicht, Unsauberkeit oder lieber spezielle Leuchtmittel, die die Produkte erst richtig zur Geltung bringen?

→ **Fühlen:** Zugluft oder lieber ein angenehm temperierter Verkaufsraum?

→ **Riechen:** Aufdringliche und unangenehme Gerüche oder lieber Gerüche, bei denen sich der Kunde wohl fühlt?

→ **Schmecken:** Billigkekse oder wohl schmeckendes Gebäck?

Fallstory: Kaffeebar

Thomas Schmidt läuft durch die Fußgängerzone. Plötzlich nimmt er Kaffeeduft wahr. Ein Blick auf die Uhr und sein Entschluss steht fest: Zeit für einen Kaffee. Dass der Kaffeeduft nicht etwa zufällig aus dem Bistro strömt, sondern ganz gezielt in Richtung des Besucherstroms geblasen wird, kann er nicht wissen. Nicht nur das ganze Bistro duftet angenehm, auch die dezente Hintergrundmusik sagt ihm sehr zu. Und dann noch das freundliche Lächeln der Bedienung, die Sauberkeit an den Tischen. Er fühlt sich einfach wohl. Und wird wiederkommen.

Sorgen Sie für kundenfreundliche Geschäftsräume

Ziel ist es, Ladenlokale und Geschäftsräume so zu gestalten, dass die Kunden sich wohl fühlen, entspannt Käufe oder Geschäfte tätigen und vor allem auch gerne wiederkommen möchten. Dies kann sich auf die Einrichtung, die Lage, die Beleuchtung, die vorhandenen Produkte und natürlich auch auf die Freundlichkeit der Mitarbeiter beziehen.

Ladenlokal

Ein hoher Anteil (manche Studien nennen sechzig Prozent, aber auf die konkrete Zahl kommt es gar nicht an) aller Kaufentscheidungen werden erst am Point of Sale getroffen, sind also sog. Spontankäufe. Erleichtern Sie Ihrem Kunden diese Entscheidung, indem Sie ihn unaufdringlich, aber gezielt an die Hand nehmen und durch Ihre Verkaufsräume führen.

Wie können Sie Ladenräume kundenfreundlich gestalten?

→ Achten Sie auf die Atmosphäre. Angemessene Klimatisierung, dezente Hintergrundmusik, blendfreie Beleuchtung und Übersichtlichkeit sind die Grundvoraussetzungen für einen angenehmen Einkauf.

→ Achten Sie auf Sauberkeit. Herumliegende Umverpackungen, Kehricht in der Ecke oder tote Insekten in der Auslage schrecken ab. Meist sind wir betriebsblind.

→ Sorgen Sie dafür, dass im Ladenraum Ordnung herrscht. Kunden möchten nicht erst lange suchen, sondern schnell finden. Geben Sie Orientierungshilfen durch Deckenhänger, Schilder und eine übersichtliche Anordnung der Präsentationsmöbel.

→ Präsentieren Sie wichtige Artikel nach Möglichkeit in Augenhöhe und so, dass sie berührt werden können. Kunden wollen Waren buchstäblich „be-greifen".

→ Die Kassen sollten je nach Kundenfrequenz besetzt sein, um Wartezeiten zu minimieren. In Stoßzeiten kann es sinnvoll sein, für Kunden mit nur wenigen Artikeln Expresskassen einzurichten.

→ Achten Sie auf Öffnungszeiten, die den Kundenerwartungen entgegenkommen.

Besprechungsräume

In Besprechungs- und Büroräumen wird mit dem Kunden verhandelt, werden Präsentationen durchgeführt.

Wie können Sie Besprechungszimmer kundenfreundlich gestalten?

→ Setzen Sie den Kunden nicht mit dem Rücken zur Tür; so fühlt er sich entspannt und muss nicht damit rechnen, dass ihm jemand in den Rücken fällt.

→ Führen Sie Gespräche nach Möglichkeit mit geschlossener Tür (auch wenn in Ihrem Unternehmen möglicherweise die „Politik der offenen Türen" herrscht).

→ Achten Sie darauf, dass die Stühle die richtige Höhe haben und der Kunde bequem sitzt.

→ Bieten Sie in jedem Fall Getränke und Gebäck an.

→ Legen Sie Stifte, Papier und Informationsmaterial bereit.

Showroom

Im Showroom oder Ausstellungsraum hat der Kunde die Möglichkeit, Muster vorzufinden. Er kann sich ein Bild vom späteren Produkt machen. Im Gegensatz zum Ladenlokal kann hier das Produkt meist nicht direkt mitgenommen werden, sondern erst in Auftrag gegeben werden.

Wie können Sie einen Showroom oder Ausstellungsraum kundenfreundlich gestalten?
→ Sorgen Sie dafür, dass die Produkte leicht zugänglich sind und Anfassen und Ausprobieren möglich ist.
→ Achten Sie darauf, dass ein Kunde jederzeit einen Berater oder Verkäufer ansprechen kann (keine Beraternischen).

5.3 Tun Sie Gutes und reden Sie darüber

Sicher bieten Sie eine ganze Menge an Serviceleistungen an. Achten Sie darauf, diese Leistungen auch entsprechend hervorzuheben. Denn Ihr Kunde soll nicht nur mit Ihrem Unternehmen zufrieden sein, er soll sich auch darüber bewusst sein, dass er zufrieden ist.

Ein einfaches Beispiel ist das Schild im Supermarkt mit der Aufschrift: *„Hier können Sie auch mit Eurochequekarte zahlen!"* Das kann man nun fast überall, aber eben nur fast. Kunden machen gelegentlich die Erfahrung, dass ganz bestimmte Läden nur Bargeld annehmen. Aber das ist gar nicht der Kern der Sache. Der liegt darin, dass viele (die meisten?) Geschäfte die Zahlungsweise für so selbstverständlich halten, dass sie kein Schild aufstellen. Allein deshalb übt das Schild eine Wirkung aus und lässt Kunden zufrieden denken: *„Die machen ja doch einiges für ihre Kunden."*

5.4 Befragen Sie Ihre Kunden

Kunden können Ihnen viele Tipps und Hilfen geben. Befragen Sie doch einfach Ihre Kunden allgemein nach ihrer Bewertung Ihres Unternehmens oder speziell anlässlich der Durchführung eines Auftrags nach ihrer Zufriedenheit.

Befragungen lassen sich mündlich vor Ort oder in Form von Fragebögen durchführen. Befragungen vor Ort bieten den Vorteil, dass der Kunde hier entsprechend eingebunden werden kann, sodass seine Bereitschaft, Fragen zu beantworten, höher ist als bei Fragebögen, die er andernorts ausfüllen muss.

Achten Sie jedoch darauf, dass Sie auch kritische Fragen stellen. Viele Unternehmen möchten durch eine Kundenbefragung lediglich die vorhandene Meinung bestätigt wissen.

➜ Versuchen Sie nicht, eine Kundenbefragung zu machen, um nur positive Rückmeldungen zu erhalten. Seien Sie auch für negative Rückmeldungen bereit.

Kundenbefragungen sollten folgenden Anforderungen genügen:
➜ Die Fragen müssen sach- und zielbezogen sein: Klären Sie vorab ganz genau, was Sie wissen möchten, und entwickeln Sie dann Fragen, die geeignet sind, dies herauszufinden.
➜ Die Befragung sollte kurz gehalten werden (max.) 10 Fragen.
➜ Erfragen Sie keine Meinungen, sondern formulieren Sie konkrete, sachliche Fragen, deren Beantwortung überprüfbar und messbar ist. Eine wenig konkrete Frage wäre beispielsweise: *„Kümmert sich unser Unternehmen um Sie?"* Besser, weil überprüfbar, wäre: *„Bewerten Sie die Pünktlichkeit unserer Servicemitarbeiter auf einer Skala von 1 bis 5."*
➜ Achten Sie darauf, dass der Fragebogen vergleichbar ist. Ergebnisse aus früheren Befragungen sollten verglichen werden können. Nur so lässt sich eine Entwicklung feststellen.

5.5 Zusammenfassung

➜ Gehen Sie mit den Augen der Kunden durch Ihr Unternehmen.
➜ Versuchen Sie, über Testkäufe und Testanrufe herauszufinden, welche Erfahrungen Ihre Kunden mit Ihrem Unternehmen machen.
➜ Achten Sie darauf, dass sich Ihr Kunde wohl fühlt.
➜ Sorgen Sie für kundenfreundliche Geschäftsräume.
➜ Führen Sie eine Kundenbefragung durch.

➜ Aufgabe

Notieren Sie einige Unwohlfallen Ihres Unternehmens und ordnen Sie diesen den hauptsächlich betroffenen Sinn (Sehen, Riechen, Hören, Fühlen, Schmecken) zu (zum Beispiel: stickiger Raum = Riechen, unangenehme Wartemusik = Hören etc.).

Literaturverzeichnis

Brandt, Jörg / Schneider, Ulrich: Handbuch Kundenbindung. Berlin, 2001 (vergr.)

Bruhn, Manfred / Homburg, Christian (Hrsg.): Handbuch Kundenbindungsmanagement. Wiesbaden, 7. Aufl. 2010

Bruhn, Manfred: Kundenorientierung. Bausteine eines exzellenten Unternehmens. München, 3. Aufl. 2007

Busch, Burkhard G.: Aktive Kundenbindung. Berlin, 1998 (vergr.)

Gordon, Josh: Die Macht des Kunden – und wie Sie ihn trotzdem kriegen. Wiesbaden, 2001 (vergr.)

Kenzelmann, Peter: Neukundengewinnung durch Empfehlungsmarketing. Norderstedt, 2000 / Book on demand 2007

Nagel, Kurt: Kundenorientierung praxisnah. Ein Wegweiser für Unternehmer. Stuttgart, 1995

Peter, Sibylle Isabelle: Kundenbindung als Marketingziel. Wiesbaden, 2001 (vergr.)

Scheler, Uwe: Erfolgsfaktor Networking. München, 2005 (vergr.)

Stoffel, Wolfgang / Schulz, Daniela: 99 Tipps für erfolgreiche Kundenbindung. Berlin, 2010

Tominaga, Minoru: Die kundenfeindliche Gesellschaft. Erfolgsstrategien für Dienstleister. München, 1998 (vergr.)

Wiersema, Fred (Hrsg.): Nur der Service zählt. Wie die besten US-Unternehmen ihre Kunden begeistern. Landsberg, 1999 (vergr.)

Wißmann, Volker H. (Hrsg.): Erfolgreiche Kundenbindung im Dienstleistungsbereich. Planegg, 2000 (vergr.)

Zintel, Arno E.: Das ABC der Kundenbindung: Kostengünstige Methoden für die Praxis. Würzburg, 2000

Stichwortverzeichnis

Über den Autor

Peter Kenzelmann ist Trainer, Redner und Buchautor im Bereich Verkaufsförderung, Schlagfertigkeit und Kundenbindung. Seine Seminare und Vorträge, die er seit 1990 europaweit für unterschiedliche Unternehmen, Verbände und Institutionen durchführt, sind praxisnah und packend. Die Inhalte sind sofort umsetzbar. Neben seiner langjährigen praktischen Berufserfahrung als Geschäftsführer eines Einzelhandelsunternehmens bringt er auch das theoretische Rüstzeug für qualifizierte Trainings mit: Sozialwissenschaftler, Trainerausbildung, Fachqualifizierungen. Im Seminarbereich sachlich und methodisch auf der Höhe der Zeit. Als Buchautor anregend und motivierend zu lesen. Denn schließlich geht es nicht um trockene Theorien, sondern um umsetzbare Impulse.

Mehr Informationen unter:
www.kenzelmann.de